春季高考复习指导丛书

信 息 技 术

（下册）

春季高考丛书编写委员会　编

电子工业出版社

Publishing House of Electronics Industry

北京·BEIJING

内 容 简 介

　　该书是电子工业出版社出版的，适用于山东省春季高考考生高三第一轮复习，可引领莘莘学子走向成功的彼岸。参编教材的老师都是常年工作在教学一线，多年辅导高考毕业班，有着丰富的教学经验。该书知识点完备、思路清晰；解题方法新颖、总结全面；与考纲完美结合，实用性极佳。本书的编写以最新考纲为依据，合理编排各个章节，集教材、教法、训练、模拟于一身，力争实现以最少的精力投入换取最好的成绩。

　　未经许可，不得以任何方式复制或抄袭本书之部分或全部内容。

　　版权所有，侵权必究。

图书在版编目（CIP）数据

信息技术. 下册 / 春季高考丛书编写委员会编. —北京：电子工业出版社，2015.9
（春季高考复习指导丛书）

ISBN 978-7-121-26696-6

Ⅰ. ①信…　Ⅱ. ①春…　Ⅲ. ①电子计算机—中等专业学校—升学参考资料　Ⅳ. ①TP3

中国版本图书馆 CIP 数据核字（2015）第 164474 号

策划编辑：刘　佳
责任编辑：郝黎明
印　　刷：三河市鑫金马印装有限公司
装　　订：三河市鑫金马印装有限公司
出版发行：电子工业出版社
　　　　　北京市海淀区万寿路 173 信箱　邮编　100036
开　　本：787×1 092　1/16　印张：13.5　字数：345.6 千字
版　　次：2015 年 9 月第 1 版
印　　次：2016 年 8 月第 3 次印刷
定　　价：38.00 元

　　凡所购买电子工业出版社图书有缺损问题，请向购买书店调换。若书店售缺，请与本社发行部联系，联系及邮购电话：（010）88254888，88258888。

　　质量投诉请发邮件至 zlts@phei.com.cn，盗版侵权举报请发邮件至 dbqq@phei.com.cn。

　　本书咨询联系方式：liujia@phei.com.cn，（010）88254247。

编　委　会

主　　编：崔佃福　冉维原

副主编：陈　霞　韩　振　李　斌

参　　编：刘　阳　张玉莲　武　晖　韩乃丽

前　言

自 1999 年开始山东省实行对口高职招生考试，到 2012 年改为春季高考，正式和夏季高考平起平坐。中等职业教育迎来良好的发展机遇，为中职生插上了可以腾飞的翅膀，让他们能够飞向理想的高校，实现自己的人生梦想。职业教育的春天来了，全省 50 多所本科院校敞开大门迎接中职生的到来，把我省的技能教育推向高潮。在春季高考的带动下，我省中等职业教育蓬勃发展，教学、教研工作进入了一个新的天地。

《鸿翼》是电子工业出版社为中职生飞向理想高校所插的腾飞之翼，它出版的山东省春季高考复习指导丛书可引领莘莘学子走向成功的彼岸。参编教材的老师都常年工作在教学一线，多年辅导高考毕业班，有着丰富的教学经验。该丛书知识点完备、思路清晰；解题方法新颖、总结全面；与考纲完美结合，实用性极佳。

《鸿翼·春季高考复习指导丛书·信息技术（下册）》以最新考纲为依据，合理编排各个章节，集教材、教法、训练、模拟于一身，力争实现以最少的精力投入换取最好的成绩。【考纲要求】是本章最新考纲的解读，它明确了我们的学习目标，为学习指引方向。【知识要点】是作者根据近六年来高考动向对考题的解读，可帮助我们把握重点、难点、高考热点，合理安排学习时间，达到事半功倍的效果。【知识精讲】是本节基础知识、基本方法、基本能力的浓缩，是知识的再现和归纳。我们把知识点和有关例题编排在一起，有利于教师上课时把理论知识具体化。【典型例题】是近六年考题的再现，可帮助同学们自我研究考题，把握学习方向和学习难度，也起到自我检测、高考体验的作用。【巩固练习】是把涉及本节知识的题型归纳出来，理清思路，建模拓展，便于同学们掌握基础知识、提升基本能力。

"一书在手，资料全有"，一本好书就是一位良师，它能帮助我们飞往成功的彼岸，指引我们实现人生的理想！

我们的编者精心设计、认真编写，可谓用心良苦，但由于时间仓促、任务量大，不尽人意之处在所难免。欢迎广大同仁批评指正，欢迎广大学子在使用过程中提出宝贵意见，并将此信息反馈到电子工业出版社（邮箱：liujia@phei.com.cn），以使本套丛书不断完善。同时，可登录电子工业出版社华信教育资源网（http://www.hxedu.com.cn/）下载其他相应资料及习题答案。

春季高考丛书编写委员会

目　录

计算机网络技术基础

C 语言编程基础知识

工具软件基础知识

计算机
网络技术基础

模块一

计算机网络概述技术基础

考纲要求

1. 了解计算机网络的发展历史；
2. 掌握计算机网络的功能、系统组成和分类。

第一讲　计算机网络的发展史

知识要点

1. 计算机网络的定义；
2. 计算机网络的发展历史。

知识精讲

1. 计算机网络的定义

计算机网络就是指，将分布在不同地理位置、具有独立功能的多台计算机及其外部设备，用通信设备和通信线路连接起来，在网络操作系统和通信协议及网络管理软件的管理协调下，实现资源共享、信息传递的系统。

所谓的网络资源包括硬件资源（如大容量磁盘、打印机等）、软件资源（如工具软件、应用软件等）和数据资源（如数据库文件和数据库等）。

2. 计算机网络的发展史

1969 年美国国防部研究计划局（ARPA）主持研制的 ARPAnet 计算机网络投入运行。在这之后，世界各地计算机网络的建设如雨后春笋般迅速发展起来。

计算机网络的产生和演变过程经历了从简单到复杂、从低级到高级、从单机系统到多机系统的发展过程，其演变过程可概括为三个阶段：具有远程通信功能的单机系统为第一阶段，这一阶段已具备了计算机网络的雏形；具有远程通信功能的多机系统为第二阶段，这一阶段的计算机网络属于面向终端的计算机通信网；以资源共享为目的的计算机-计算机网络为第三阶段，这一阶段的计算机网络才是今天意义上的计算机网络。

 **典型例题**

1.（2016年春季高考题）在计算机网络中，用户主机和终端属于（　　）。

　　A．访问节点　　　　B．转接节点　　　　C．中间节点　　　　D．混合节点

答案：A

解析：访问节点又称端节点，是指拥有计算机资源的用户设备，主要起信源和住宿的作用，常见的访问节点有用户主机和终端等。

第二讲　计算机网络的功能、系统组成和分类

知识要点

1．计算机网络的功能和应用；

2．计算机网络的系统组成；

3．计算机网络的分类。

知识精讲

1．计算机网络的功能

（1）实现计算机系统的资源共享

（2）实现数据信息的快速传递

（3）提高可靠性

（4）提供负载均衡与分布式处理能力

（5）集中管理

（6）综合信息服务

2．计算机网络的应用领域

（1）办公自动化

（2）管理信息系统

（3）过程控制

（4）互联网应用（如电子邮件、信息发布、电子商务、远程音频与视频应用）

3．计算机网络的系统组成

（1）网络节点和通信链路

从拓扑结构看，计算机网络就是由若干网络节点和连接这些网络节点的通信链路构成的。计算机网络中的节点又称网络单元，一般可分为三类：访问节点、转接节点和混合节点。

通信链路是指两个网络节点之间承载信息和数据的线路。链路可用各种传输介质实现，如双绞线、同轴电缆、光缆、卫星、微波等。

通信链路又分为物理链路和逻辑链路。

（2）资源子网和通信子网

从逻辑功能上可把计算机网络分为两个子网：用户资源子网和通信子网。

资源子网包括各种计算机和相关的硬件、软件；

通信子网是连接这些计算机资源并提供通信服务的连接线路。正是在通信子网的支持下，用户才能利用网络上的各种资源，进行相互间的通信，实现计算机网络的功能。

通信子网有两种类型：公用型（如公用计算机互联网，CHINANET）和专用型（如各类银行网、证券网等）。

（3）网络硬件系统和网络软件系统

计算机网络系统是由计算机网络硬件系统和网络软件系统组成的。

网络硬件系统是指构成计算机网络的硬设备，包括各种计算机系统、终端及通信设备。常见的网络硬件有：主机系统、终端、传输介质、网卡、集线器、交换机、路由器。

网络软件主要包括网络通信协议、网络操作系统和各类网络应用系统。

4．计算机网络的分类

（1）按计算机网络覆盖范围分类

由于网络覆盖范围和计算机之间互连距离不同，所采用的网络结构和传输技术也不同，因而形成不同的计算机网络。

一般可以分为局域网（LAN）、城域网（MAN）、广域网（WAN）三类。

（2）按计算机网络拓扑结构分类

网络拓扑是指连接的形状，或者是网络在物理上的连通性。如果不考虑网络的地理位置，而把连接在网络上的设备看作是一个节点，把连接计算机之间的通信线路看作一条链路，这样就可以抽象出网络的拓扑结构。

按计算机网络的拓扑结构可将网络分为：星型网、环型网、总线型网、树型网、网型网。

（3）按网络的所有权划分

公用网是由电信部门组建，由政府和电信部门管理和控制的网络。专用网，也称私用网，一般为某一单位或某一系统组建，该网一般不允许系统外的用户使用。

（4）按照网络中计算机所处的地位划分：对等局域网和基于服务器的网络（也称为客户机/服务器网络）。

典型例题

1．（2016 年春季高考题）广域网的传输方法是（　　）。

　　A．分时控制式　　　B．集中控制式　　　C．分布控制式　　　D．分组存储转发

答案： D

解析： 广域网主要所采用的传输方式是：储存转发式。基于报文和分组交换技术，广域网中的交换机先将发送给它的数据包完整接收，然后经过路径选择找出一条输出线路，最后交换机将接收到的数据包发送到该线路上。

巩固练习

一、选择题

1．下列有关网络中计算机的说法正确的是（　　）

    A．没有关系　　　　　　　　　　B．拥有独立操作系统

    C．相互干扰　　　　　　　　　　D．共同拥有一个操作系统

2．世界上第一个计算机网络，并在计算机网络发展过程中，对计算机网络的形成与发展影响最大的是（　　）

    A．ARPAnet　　　　B．CHINANet　　　　C．Telnet　　　　　　D．CERNET

3．计算机互联的主要目的是（　　）

    A．制定网络协议　　　　　　　　B．将计算机技术与通信技术相结合

    C．集中计算　　　　　　　　　　D．资源共享

4．关于计算机网络的发展历史，下列说法错误的是（　　）

    A．在计算机发展的早期阶段，计算机所采用的操作系统多为分时系统

    B．在分时系统中，由于时间片很短，会使用户发生错觉，以为主机完全为他所用

    C．脱机终端以批处理的方式与主机通信

    D．远程终端计算机系统的使用标志着计算机网络的诞生

5．资源共享是计算机网络最基本的功能之一。下列不可以共享的是（　　）

    A．网上的打印机　　　　　　　　B．网络中的存储器

    C．程序、数据库系统　　　　　　D．操作系统

6．下列硬件资源可以在网络中共享的是（　　）

    A．鼠标　　　　　B．打印机　　　　　C．键盘　　　　　　D．显示器

7．计算机网络的（　　）功能，使用户获得了最快捷的访问路由（　　）

    A．分布式处理　　　B．负载均衡　　　　C．集中管理　　　　D．资源共享

8．电子邮件应用的网络功能是（　　）

    A．提高可靠性　　　　　　　　　B．集中管理

    C．实现信息的快速传递　　　　　D．综合信息服务

9．把任务分散到网络中不同计算机上并行处理，而不是集中在一台大型计算机上，是指的计算机网络的哪方面功能（　　）

    A．分布式处理　　　B．负载均衡　　　　C．集中管理　　　　D．资源共享

10．下列功能不属于 Internet 应用的是（　　）

    A．过程控制　　　　B．电子商务　　　　C．信息发布　　　　D．网上可视电话

二、简答题

1．简述网络硬件系统的组成。

2．简述网络软件系统的组成。

模块二

数据通信基础

考纲要求

1. 掌握数据通信的基本概念；
2. 掌握数据传输方式及数据交换技术。

第一讲　数据通信的基本概念

知识要点

1. 信息和数据；
2. 信道和信道容量；
3. 码元和码字；
4. 数据通信系统主要技术指标；
5. 带宽和数据传输率。

知识精讲

1. 信息和数据

（1）信息

信息是对客观事物的反映，可以是对物质的形态、大小、结构、性能等全部或部分特性的描述，也可表示物质与外部的联系。信息有各种存在形式。

（2）数据

信息可以用数字的形式来表示，数字化的信息称为数据。数据可以分成两类：模拟数据和数字数据。

2. 信道和信道容量

（1）信道

信道是传送信号的一条通道，可以分为物理信道和逻辑信道。物理信道是指用来传送信号或数据的物理通路，由传输及其附属设备组成。逻辑信道也是指传输信息的一条通路，但在信号的收、发节点之间并不一定存在与之对应的物理传输介质，而是在物理信道基础上，由节点设备内部的连接来实现。

信道的分类：信道按使用权限可分为专业信道和共用信道；信道按传输介质可分为有线信道、无线信道和卫星信道；信道按传输信号的种类可分为模拟信道和数字信道。

（2）信道容量

信道容量是指信道传输信息的最大能力，通常用数据传输率来表示。即单位时间内传送的比特数越大，则信息的传输能力也就越大，表示信道容量大。

3．码元和码字

在数字传输中，有时把一个数字脉冲称为一个码元，是构成信息编码的最小单位。计算机网络传送中的每一位二进制数字称为"码元"或"码位"，例如二进制数字 10000001 是由 7 个码元组成的序列，通常称为"码字"。

4．数据通信系统主要技术指标

（1）比特率：比特率是一种数字信号的传输速率，它表示单位时间内所传送的二进制代码的有效位（bit）数，单位用比特每秒（bps）或千比特每秒（Kbps）表示。

（2）波特率：波特率是一种调制速率，也称波形速率。在数据传输过程中，线路上每秒钟传送的波形个数就是波特率，其单位为波特（baud）。

（3）误码率：误码率指信息传输的错误率，也称误码率，是数据通信系统在正常工作情况下，衡量传输可靠性的指标。

（4）吞吐量：吞吐量是单位时间内整个网络能够处理的信息总量，单位是字节/秒或位/秒。在单信道总线型网络中，吞吐量=信道容量×传输效率。

（5）通道的传播延迟：信号在信道中传播，从信源端到达信宿端需要一定的时间，这个时间叫做传播延迟（或时延）。

5．带宽和数据传输率

（1）信道带宽是指信道所能传送的信号频率宽度，它的值为信道上可传送信号的最高频率减去最低频率之差。带宽越大，所能达到的传输速率就越大，所以通道的带宽是衡量传输系统的一个重要指标。

（2）数据传输率是指单位时间信道内传输的信息量，即比特率，单位为比特/秒。一般来说，数据传输率的高低由传输每一位数据所占时间决定，如果每一位所占时间越小，则速率越高。

第二讲　数据传输方式及数据交换技术

 知识要点

1．数据传输方式；

2．数据交换技术；

3．差错检验与校正。

知识精讲

1．数据传输方式

（1）数据通信系统模型

数据通信系统的一般结构模型由数据终端设备（DTE）、数据线路端接设备（DCE）和通信线路等组成。

（2）数据线路的通信方式

根据数据信息在传输线上的传送方向，数据通信方式有：

① 单工数据传输：两站之间只能沿指定方向传输数据，反向传联络信号

② 半双工数据传输：两站之间可以沿两个方向传输数据，但两个方向不能同时传输

③ 双工数据传输：两站之间可以同时两个方向传输数据

（3）数据传输方式

数据传输方式依其数据在传输线原样不变地传输还是调制变样后再传输，可分为基带传输、频带传输和宽带传输等方式。

2．数据交换技术

（1）电路交换

电路交换（也称线路交换）在电路交换方式中，通过网络节点（交换设备）在工作站之间建立专用的通信通道，即在两个工作站之间建立实际的物理连接。一旦通信线路建立，这对端点就独占该条物理通道，直至通信线路被取消。

电路交换的主要优点是实时性好，由于信道专用，通信速率较高；缺点是线路利用率低，不能连接不同类型的线路组成链路，通信的双方必须同时工作。

电路交换必定是面向连接的，电话系统就是这种方式。

电路交换的三个阶段：电路建立阶段、数据传输阶段和拆除电路阶段。

（2）报文交换

报文是一个带有目的端信息和控制信息的数据包。报文交换采取的是"存储—转发"（Store-and-Forward）方式，不需要在通信的两个节点之间建立专用的物理线路。

报文交换的主要缺点是网络的延时较长且变化比较大，因而不宜用于实时通信或交互式的应用场合。

在 20 世纪 40 年代，电报通信也采用了基于存储转发原理的报文交换（Message Switching）。

报文交换的时延较长，从几分钟到几小时不等。现在，报文交换已经很少有人使用了。

（3）分组交换

分组交换也称包交换，它是报文交换的一种改进，也属于存储-转发交换方式，但它不是以报文为单位，而是以长度受到限制的报文分组（Packet）为单位进行传输交换的。分组也叫做信息包，分组交换有时也称为包交换。

分组在网络中传输，还可以分为两种不同的方式：数据报和虚电路。

分组交换的优点：高效、灵活、迅速、可靠。

（4）信元交换技术

信元交换技术（ATM，Asynchronous Transfer Mode，异步传输模式）

ATM 是一种面向连接的交换技术，它采用小的固定长度的信息交换单元（一个 53Byte 的信元），话音、视频和数据都可由信元的信息域传输。

它综合吸取了分组交换高效率和电路交换高速率的优点，针对分组交换速率低的弱点，利用电路交换完全与协议处理几乎无关的特点，通过高性能的硬件设备来提高处理速度，以实现高速化。

3．差错检验与校正

数据传输中出现差错有多种原因，一般分成内部因素和外部因素。内部因素有噪音脉冲、脉动噪声、衰减、延迟失真等。外部因素有电磁干扰、太阳噪声、工业噪声等。

为了确保无差错地传输，必须具有检错和纠错的功能。常用的校验方式有奇偶校验和循环冗余码校验。

（1）奇偶校验

采用奇偶校验时，若其中两位同时发生错误，则会发生没有检测出错误的情况。

（2）循环冗余码校验

这种编码对随机差错和突发差错均能以较低的冗余充进行严格的检查。

典型例题

1．（2016 年春季高考题）通信的双方具有同时发送和接收信息的能力，此类通信方式是（　　）。

　　A．单工通信　　　　　　　　　　B．半双工通信

　　C．全双工通信　　　　　　　　　D．广播通信

答案：C

解析：全双工通信的双方可以同时进行双向的信息传输。

2．（2016 年春季高考题）对于短报文和灵活性报文的通信，可使用的交换技术是（　　）。

　　A．电路交换　　　　　　　　　　B．数据报分组交换

　　C．报文交换　　　　　　　　　　D．虚电路分组交换

答案：B

解析：数据传输分组交换方式的优点是：对于短报文数据，通信传输率比较高，对网络故障的适应能力强；而它的缺点是传输时延较大，时延离散度大。

3．什么是频带传输？常用的频带调制方式有哪些？

答：所谓频带传输，就是将代表数据的二进制信号，通过调制解调器，变换成具有一定频带范围的模拟数据信号进行传输，传输到接收端后再将模拟数据信号解调还原为数字信号。

常用的频带调制方式有频率调制、相位调制、幅度调制和调幅加调相的混合调制方式。

巩固练习

一、选择题

1．在数据传输过程中，线路上每秒钟传送的波形个数称为（　　　）

　　A．比特率　　　　B．误码率　　　　C．波特率　　　　D．吞吐量

2. 小李家安装了 10 兆的联通宽带，他从网上下载软件，下载速度的最大理想值可达到
（   ）

    A．10MB/S   B．10KB/S   C．1.25MB/S   D．1.25KB/S

3. （   ）是传送信号的一条通道。

    A．信道   B．编码   C．数据   D．介质

4. 下列关于信息和数据的说法不正确的是（   ）

    A．信息是对客观事物的反映   B．数据是信息的载体

    C．数据是信息的一种   D．信息是数据的内在含义

5. 信道容量指的是（   ）

    A．信道传输信息的最大能力

    B．信道所能传送的信号的频率宽度

    C．单位时间内整个网络能够处理的信息总量

    D．单位时间内信道传输的信息量

6. 在数字传输中，信息编码的最小单位是（   ）

    A．码字   B．码元   C．字节   D．字

7. 信道带宽指的是（   ）

    A．信道传输信息的最大能力

    B．信道所能传送的信号的频率宽度

    C．单位时间内整个网络能够处理的信息总量

    D．单位时间内信道传输的信息量

8. 数据传输率是指（   ）

    A．信道传输信息的最大能力

    B．信道所能传送的信号的频率宽度

    C．单位时间内整个网络能够处理的信息总量

    D．单位时间内信道传输的信息量

9. 在数据传输中，用来衡量数据传输可靠性的性能指标是（   ）

    A．比特率   B．波特率   C．误码率   D．有效率

10. 码元是指（   ）

    A．一个数字脉冲   B．8 个 0 或 1 构成的序列

    C．多个 0 或 1 构成的序列   D．一组数字脉冲

11. 数据链路两端的设备是（   ）

    A．DTE   B．DCE   C．DTE 或 DCE   D．DTE 和 DCE

12. 门卫师傅在用对讲机通话，那么对讲机属于（   ）

    A．单工通信   B．半双工通信   C．全双工通信   D．以上都不对

13. 把重要资源放在云盘进行备份属于计算机网络（   ）方面的功能。

    A．分布式处理   B．负载均衡   C．提高可靠性   D．资源共享

14．下列（　　）不属于数据线路的通信方式。

　　A．单工通信　　　　B．全双工通信　　　C．半双工通信　　　D．通信线路

15．在同一信道上既可以传输数字信号又可以传输模拟信号的传输方式是（　　　）

　　A．基带传输　　　　B．频带传输　　　　C．宽带传输　　　　D．调制传输

二、简答题

1．什么是 DCE？它的作用是什么？

2．什么是 DDN？DDN 的主要作用有哪些？

3．根据数据信息在传输线上的传送方向，数据通信方式有哪几种？并举例说明。

模块三

计算机网络技术基础

 考纲要求

1. 掌握计算机网络的拓扑结构；
2. 掌握 ISO/OSI 参考模型的结构及各层的主要功能；
3. 理解数据传输的控制方式；
4. 了解常见的局域网标准；
5. 掌握 TCP/IP 网络协议；
6. 了解广域网。

第一讲 网络拓扑结构和 ISO/OSI 参考模型

知识要点

1. 什么是计算机网络的拓扑结构；
2. 常用的拓扑结构；
3. 拓扑结构的选择原则；
4. OSI 分层的原则；
5. OSI 参考模型的层次。

知识精讲

1. 什么是计算机网络的拓扑结构

计算机网络的拓扑结构是把网络中的计算机和通信设备抽象为一个点，把传输介质抽象为一条线，由点和线组成的几何图形就是计算机网络的拓扑结构。

网络拓扑是指网络连接的形状，或者是网络在物理上的连通性。

2. 常用的拓扑结构

（1）总线型

总线结构中，各节点通过一个或多个通信线路与公共总线连接。总线型结构简单、扩展容易。网络中任何节点的故障都不会造成全网的故障，可靠性较高。

（2）星型

星型的中心节点是主节点，它接收各分散节点的信息再转发给相应节点，具有中继交换和数据处理功能。星型网的结构简单，建网容易，但可靠性差，中心节点是网络的瓶颈，一旦出现故障则全网瘫痪。

（3）环型

网络中节点计算机连成环型就成为环型网络。环路上，信息单向从一个节点传送到另一个节点，传送路径固定，没有路径选择问题。环型网络实现简单，适应传输信息量不大的场合。任何节点的故障均导致环路不能正常工作，可靠性较差。

（4）网状型

网状网络中各节点的连接没有一定的规则，一般当节点地理分散，而通信线路是设计中主要考虑因素时，采用网状网络。

（5）树型

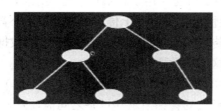

树型网络是分层结构，适用于分级管理和控制系统。网络中，除叶节点及其联机外，任

一节点或联机的故障均只影响其所在支路网络的正常工作。

3．拓扑结构的选择原则

拓扑结构的选择往往和传输介质的选择和介质访问控制方法的确定紧密相关。选择拓扑结构时，应该考虑的主要因素有以下几点：

（1）服务可靠性

（2）网络可扩充性

（3）组网费用高低（或性能价格比）

4．OSI 分层的原则

建立计算机网络的根本目的是实现数据通信和资源共享，而通信则是实现所有网络功能的基础和关键。

国际标准化组织 ISO（International Standard Organization），经过多年研究，在 1983 年提出了开放系统互联参考模型 OSI RM（Open System Interconnection Reference Model）。

（1）将一组相近功能放在一起，有明确的定义，并有助于制定网络协议的标准化，形成一个网络的层次结构。

（2）分层不能太粗，否则不同功能容易混杂在一起；

（3）分层也不能太细，否则会造成体系结构过于庞大。

（4）各层边界选择尽量减少跨接口的通信量。

依据这一原则，每一层都向上一层提供一定的服务，而把如何实现这一服务的细节对上一层加以屏蔽。

5．OSI 参考模型的层次

（1）物理层：主要定义物理设备标准，如网线的接口类型、光纤的接口类型、各种传输介质的传输速率等。它的主要作用是传输比特流（就是由 1、0 转化为电流强弱来进行传输，到达目的地后再转化为 1、0，也就是我们常说的数/模转换与模/数转换）。这一层的数据叫做比特。

（2）数据链路层：定义了如何格式化数据以进行传输，以及如何控制对物理介质的访问。这一层通常还提供错误检测和纠正，以确保数据的可靠传输。

（3）网络层：在位于不同地理位置的网络中的两个主机系统之间提供连接和路径选择。Internet 的发展使得从世界各站点访问信息的用户数大大增加，而网络层正是管理这种连接的层。

（4）传输层：定义了一些传输数据的协议和端口号（WWW 端口 80 等），如：TCP（传输控制协议，传输效率低，可靠性强，用于传输可靠性要求高，数据量大的数据），UDP（用户数据报协议，与 TCP 特性恰恰相反，用于传输可靠性要求不高，数据量小的数据，如 QQ 聊天数据就是通过这种方式传输的）。主要是将从下层接收的数据进行分段和传输，到达目的地址后再进行重组。常常把这一层数据叫做段。

（5）会话层：通过传输层（端口号：传输端口与接收端口）建立数据传输的通路。主要在你的系统之间发起会话或者接受会话请求（设备之间需要互相认识，可以是 IP，也可以是 MAC 或者是主机名）。

（6）表示层：可确保一个系统的应用层所发送的信息可以被另一个系统的应用层读取。例如，PC 程序与另一台计算机进行通信，其中一台计算机使用扩展二-十进制交换码（EBCDIC），而另一台则使用美国信息交换标准码（ASCII）来表示相同的字符。如有必要，表示层会通过使用一种通用格式来实现多种数据格式之间的转换。

（7）应用层：是最靠近用户的 OSI 层。这一层为用户的应用程序（例如电子邮件、文件传输和终端仿真）提供网络服务。

第二讲　局域网和广域网

知识要点

1．数据传输控制方式；
2．常见的局域网标准；
3．TCP/IP 网络协议；
4．广域网。

知识精讲

1．数据传输控制方式

（1）数据和信息在网络中是通过信道进行传输的，由于各计算机共享网络公共信道，因此如何进行信道分配，避免或解决通道争用就成为重要的问题，就要求网络必须具备网络的访问控制功能。介质访问控制（MAC）方法是在局域网中对数据传输介质进行访问管理的方法。

CSMA/CD 网络上进行传输时，必须按下列五个步骤来进行：

① 传输前侦听；
② 如果忙则等待；
③ 传输并检测冲突；
④ 如果冲突发生，重传前等待；
⑤ 重传或夭折。

（2）令牌传递控制法（Token Passing）是基于 IEEE802.5 标准的环形局域网以及基于 IEEE802.4 标准的令牌总线网中采用的 MAC 方法，又称为许可证法。

（3）网络交换技术又称转换，是在多节点网络中实现数据传输的一种有效手段。通常将数据在通信子网中节点间的数据传输过程统称为数据交换，其对应的技术为数据交换技术。

在传统的广域交换网络的通信子网中，使用的数据交换技术可分为：电路交换技术和存储转发交换技术。存储转发交换技术又可分为：报文交换和分组交换。

2．常见的局域网标准

（1）以太网是一种常用的局域网，它基于 IEEE802.3 协议标准，采用 CSMA/CD 介质访问控制方法，传输速率为 10Mbit/s、100Mbit/s 到 1000Mbit/s。它可以支持各种协议和计算机硬件平台，组网成本较低，被广泛采用。

（2）千兆以太网遵从 IEEE802.3z 建议（该建议已于 1998 年 6 月成为标准）。

该技术采用 IEEE802.3 帧格式，CSMA/CD 访问控制技术，传输介质采用 100M STP 屏蔽双绞线（1000BASE CX）传输距离为 25m；5 类 UTP（1000BASE-T）传输距离为 100m；多模光纤（1000BASE SX）传输距离为 500m；单模光纤（1000BASE LX）传输距离可达 3km。

（3）异步传输模式 ATM（Asynchronous Transfer Mode）是一种新型的网络交换技术，适合于传送宽带综合业务数字（B-ISDN）和可变速率的传输业务。异步传输模式是一种利用固定数据报的大小以提高传输效率的传输方法，这种固定的数据报又叫信元或报文。ATM 信元结构由 53 字节组成，53 字节被分成 5 字节的头部和被称为载荷的 48 字节信息部分。数据可以是实时视频、高质量的语音、图像等。

（4）光纤分布数据接口 FDDI（Fiber Distributed Data Interface）是一种在实际中应用较多的高速环形网络，传输速率为 100Mbit/s，是计算机网络技术向高速发展阶段的第一项高速网络技术，符合的标准是 ANSI X3T9.5。

3．TCP/IP 网络协议

网络协议是指为网络数据交换而制定的规则、约定与标准的集合，一个协议主要由语法、语义与时序组成。其中：语法规定了用户数据与控制信息的结构与格式；语义则规定了用户控制信息的意义，以及完成控制的动作与回应；时序是对事件实现顺序的详细说明。

TCP/IP 协议也采用分层体系结构，对应开放系统互连 OSI 模型的层次结构，可分为四层：网络接口层、网际层（IP 层）、传输层和应用层。

（1）网络接口层与 OSI 的数据链路层和物理层相对应，负责管理设备和网络之间的数据交换，及同一设备与网络之间的数据交换，它接收上一层（IP）层的数据报，通过网络向外发送，或者接收和处理来自网络上的物理帧，并抽取 IP 数据报向 IP 层传送。

（2）网际层也称 IP 层，与 OSI 模型的网络层相对应。该层负责管理不同的为了设备之间的数据交换。IP 层包含的几个主要协议：IP 协定、ICMP 协定、ARP 协定、RARP 协定等。

（3）传输层与 OSI 七层模型的传输层的功能相对应，它在 IP 协议的上面，以便确保所有传送到某个系统的数据正确无误地到达该系统。该层的主要协议有：TCP 协定、UDP 协定等。

（4）应用层作为 TCP/IP 模型的最高层，与 OSI 模型的上三层对应，为各种应用程序提供了使用的协议，标准的应用层协议主要有：FTP 协议、Telnet、SMTP、HTTP 协议、RIP 协议、NFS、DNS 等。

4．广域网

（1）综合数字业务服务 ISDN（Integrated Services Digital Network）是一种支持语音、图像和数据传输一体化的网络结构。它使用电话载波线路进行拨号连接，因此 ISDN 标准接口一般是在电话线安装适当的数字开关。

（2）数字数据网 DDN（Digital Data Network）是一种利用数字信道提供数据通信的传输网，这主要提供点对点及点到多点的数字专线与专网。DDN 的传输介质主要有光纤、数字微波、卫星信道等。

（3）帧中继 FR（Frame Relay）技术是由 X.25 分组交换技术演变而来的，是在 OSI 第二层上用简化的方法传送和交换数据单元的一种技术。

我们可以把帧中继看作一条虚拟专线。用户可以在两节点之间租用一条永久虚电路并通过该虚电路发送数据帧,其长度可达 1600 字节。用户也可以在多个节点之间通过租用多条永久虚电路进行通信。

(4) X．25 遵循的是国际电报电话咨询委员会 CCITT 制定的"在公用数据网上以组方式工作的数据终端设备 DTE 和数据电路设备 DCE 之间的接口"。

从 ISO/OSI 体系结构观点看,X．25 对应于 OSI 参考模型底下三层,分别为物理层、数据链路层和网络层。

典型例题

1．(2016 年春季高考题)下列网络类型中,不是局域网的是(   )。

  A．以太网   B．FDDI   C．WLAN   D．ISDN

答案:D

解析:ISDN 在 20 世纪 90 年代得到了广泛应用,随着其他网络技术的出现,ISDN 使用者越来越少,目前主要用于其他广域网接入动态备份链路使用。

2．(2016 年春季高考题)能工作在 2.4GHz 和 5GHz 两个频段的无线局域网标准是(   )。

  A．IEEE802.11g   B．IEEE802.11a   C．IEEE802.11b   D．IEEE802.3

答案: A

解析:IEEE802.11b,采用 2.4GHz 频带,传输速率能够从 11Mbps 自动降到 5.5Mbps,EEE802.11g,虽然同样运行于 2.4GHz,但向下兼容 IEEE802.11b。

3．(2015 年春季高考题)TCP/IP 模型把网络通信分为四层,属于应用层的协议是(   )。

  A．ARP   B．UDP   C．ICMP   D．NFS

答案:D

解析:应用层作为 TCP/IP 模型的最高层,与 OSI 参考模型的上三层对应,为各种应用程序提供了使用的协议,标准的应用层协议主要有 FTP、Telnet、SMTP、HTTP、RIP、NFS、DNS。

巩固练习

一、选择题

1．文件传输协议(TCP)是(   )上的协议。

  A．网络层   B．传输层   C．应用层   D．网络层

2．TCP/IP 的 4 层次模型中没有表示层和会话层,这两层的功能是由(   )提供的。

  A．应用层   B．数据链路层   C．网络层   D．传输层

3．在 TCP/IP 协议簇中,若要在一台计算机的两个进程之间传递数据报,则所使用的协议是(   )

  A．TCP   B．UDP   C．IP   D．FTP

4．在 TCP/IP 协议簇中,用户在本地机上对远程机进行文件读取操作所采用的协议是(   )

  A．DNS   B．SMTP   C．Telent   D．FTP

5. 如果某局域网的拓扑结构是（　　），则局域网中任何一个节点出现故障都不会影响整个网络的工作。

　　A．总线型结构　　　B．树状结构　　　　C．环状结构　　　　D．星状结构

6. Internet 的 4 层模型中，应用层下面的一层是（　　）

　　A．物理层　　　　B．数据链路层　　　C．网际层　　　　　D．传输层

7. 对等层实体之间采用（　　）进行通信。

　　A．服务　　　　　B．服务访问点　　　C．协议　　　　　　D．上述 3 者

8. 数据链路层的数据单位是（　　）

　　A．比特　　　　　B．字节　　　　　　C．帧　　　　　　　D．分组

9. 开放系统互联参考模型是指（　　）

　　A．ATM　　　　　B．WAN　　　　　　C．OSI/RM　　　　　D．TCP/IP

10. 在 10Base-T 的以太网中，使用双绞线作为传输介质，最大的网段长度是（　　）

　　A．2000m　　　　B．500m　　　　　　C．185m　　　　　　D．100m

11. 以下网络拓扑结构中需要中央控制器或者集线器的是（　　）

　　A．星状结构　　　B．环状结构　　　　C．总线型结构　　　D．树状结构

12. 在 OSI 参考模型中，把传输的比特流划分为帧的是在（　　）

　　A．数据链路层　　B．会话层　　　　　C．网络层　　　　　D．传输层

13. 在 ISO/OSI 参考模型中，最重要的一层是（　　）

　　A．网络层　　　　B．会话层　　　　　C．数据链路层　　　D．传输层

二、简答题

1. OSI 的中文含义是什么？OSI 由低到高分为哪些层？

2. 从拓扑结构上来看，计算机网络由网络节点和通信链路组成，简述网络节点的分类及作用。

3. TCP/IP 分为几层，各层的功能是什么？

三、案例题

小明家有 3 台电脑，他通过一个交换机把 3 台电脑连成了一个局域网，并通过路由器接入了因特网。请根据下图分析这 3 台计算机的网络连接属于什么拓扑结构？该拓扑结构的优点是什么？

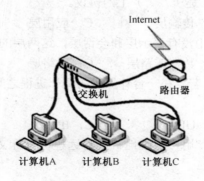

模块四

计算机网络设备

 考纲要求

1．了解各种网络设备（网卡、集线器、交换机、路由器及其他网络设备）；
2．掌握网络设备的安装及调试方法。

 知识要点

1．网络设备概述；
2．物理层设备；
3．数据链路层设备；
4．网络层设备。

知识精讲

1．网络设备概述

网络设备 Network Devices 是构成计算机网络的物质基础，认识和使用网络总是从最直观、最具体的网络设备开始，设计、管理和维护网络更需要充分掌握各种网络设备的工作原理、使用特性等知识与操作技能。

不同的网络设备具有不同的功能和工作方式，应区别对待。针对不同的网络技术形态可能需要使用不同的网络设备，如果没有特别说明，以后主要针对以太网 Ethernet 技术而论及相关的网络设备。

2．物理层设备

（1）调制解调器（Modem）

基于 PSTN 实现计算机联网的信号转换与通信设备。

（2）光纤收发器（Fiber Converter）

基于光纤/光缆传输介质实现计算机联网的信号转换设备。

（3）中继器（Repeater）

通信信号的放大与整形设备，用来实现物理网络的互连。

（4）集线器（Hub）

多端口中继器，用来实现物理网络的组建与信号传输。

3．数据链路层设备

数据链路层设备和物理层设备的功能类似，用来实现物理网络/网段的组建，形成通信网络的物质基础。

数据链路层设备不仅处理物理层的通信信号，还要上升到数据链路层处理数据帧。在数据帧处理的基础上可以实现更多的网络功能，并可有效提升网络的性能。

数据链路层设备工作在两个协议层次上，其内部构成比物理层设备复杂，工作原理也更加复杂，所涉及的技术特性也多。

（1）网卡

网卡是网络接口卡的简称，缩写为 NIC（Network Interface Card），又称为网络适配器（Network Adapter）。

网卡是连接连网设备（计算机等）和网络传输介质的网络接口设备，它的基本功能是实现通信信号与数据的收/发，以及为数据收/发而做的相关工作，如数据格式的转换与通信规程控制等。

① 网卡的安装。

网卡的物理安装：根据网卡的总线类型安装到不同的总线扩展槽中并进行固定，把合适的传输介质连接到网卡的网络接口上。

网卡的软件安装：向操作系统安装合适的网卡驱动程序，使操作系统能控制和使用该网卡。

② 网卡的使用。

● 网卡的工作参数配置（手动/自动配置）

● 网卡的工作状态监控

● 工作指示灯和操作系统等提供的状态监控数据

● 使用专门的软件监控和调节网卡的工作状态

● 多网卡的使用（多宿主计算机）、网卡的更换、管理和维护

（2）集线器

集线器（Hub）是一种连接多个用户节点的设备，每个经集线器连接的节点都需要一条专用电缆，集线器内部采用电气互连的结构，从某种意义可以将集线器看作是多埠中继器，其数据传输控制方式都是采用 CDMA/CD 方式，也就是说，集线器上所有的端口共享同一个带宽。集线器在 OSI 模型中也是处于物理层。

（3）交换机

网络交换机 Switch 是结合了集线器和网桥的优点而发明的具有革命性意义的网络设备，它不仅大幅度提高了网络的性能，同时组网的便捷性也很好。

从外表看，交换机和集线器几乎没有差别，它们都能提供多个等同的网络端口，每个端口可以单独连接一个网络设备。最常见的端口是 RJ-45 端口。

但是网络交换机和集线器、网桥之间还是存在比较明显的差异，在保留二者优势的基础上带来了更好的网络性能，使集线器和网桥逐渐退出网络领域。

4．网络层设备

（1）路由器

路由器工作在 OSI 开放式互连模式的第三层网络层，路由器在网络互连中起着至关重要的作用，主要用于局域网和广域网的互连。

路由器是一种用于路由选择的专用设备，它的工作是记住和跟踪其他网络的情况，通过一个接口接收一个包并将它从另一个（或同一个）接口发向正确的目的地，即路由器就是为信息寻找到达目标节点的工具。

路由器的主要功能为：路径选择、数据转发（又称为交换）和数据过滤。路由器的功能可以由硬件来实现，也可以由软件来实现，或者是两者结合来实现。

（2）其他网络设备

① 调制解调器。

计算机通过电话拨号上网时，需要有能将数字信号转换为模拟信号及模拟信号转换成数字信号的转换装置，前者叫调制，后者叫解调，把两种功能做在同一台设备上，就叫调制解调器，即 Modem。

通过普通电话线传输数据的 Modem 作为连接 PC 和网络的主要设备，具有使用方便、价格适中、功能齐全的特点，对 Internet 的普及和发展起到了极其重要的作用。

光纤收发器的主要作用是实现光、电信号的相互转换，因此又称为光电转换器。其作用也可理解为光信号和电信号的相互调制解调，因此也有地方称为光纤 Modem。

② 中继器（RP，Repeater）是连接网络线路的一种装置，它在 OSI 参考模型中的位置是最底层——物理层，只是起到一个放大信号、延伸传输介质的作用，与高层协议无关。

③ 收发器就是接收信号、发送信号的设备。

其作用是完成不同的网络传输介质、传输形式之间的互联。

收发器的种类很多，包括：光纤-双绞线收发器、同轴电缆收发器、卫星收发器、微波收发器等等。

④ ISDN 终端适配器。

ISDN 是一种新的传输线路，当通过 ISDN 传输数据时，必须配置一台 ISDN Terminal Adapter，即 ISDN 终端适配器，简称 TA，它的作用主要是将 PC 或模拟语音信号调制成 ISDN 标准的帧。

典型例题

1．（2016 年春季高考题）路由器工作在 OSI 参考模型的（　　）。

    A．物理层   B．数据链路层

    C．网络层   D．传输层

答案：C

解析：路由器工作在 OSI 开放式互连模式的第三层网络层，路由器在网络互连中起着至关重要的作用，主要用于局域网和广域网的互连。

2．（2015 年春季高考题）能够实现局域网中传输介质的物理连接和电气连接功能的是（　　）

    A．网卡　　　　　　B．中继器　　　　　C．集线器　　　　　D．网桥

答案：A

解析：网卡的第一个功能就是实现局域网中传输介质的物理连接和电气连接。

3．（2015 年春季高考题）可以连接两个具有相同或相似体系结构局域网的数据链路层设备是（　　）

    A．集线器　　　　　B．网桥　　　　　　C．路由器　　　　　D．网关

答案：B

解析：网桥也叫桥接器，是连接两个局域网的一种存储/转发设备，它能将一个大的 LAN 分割为多个网段，或将两个以上的 LAN 互联为一个逻辑 LAN，使 LAN 上的所有用户都可访问服务器。

巩固练习

一、选择题

1．以太网卡都有一个全球唯一的网络节点地址，该地址是（　　）

    A．网卡的生产日期　　　　　　　　　B．网卡的 MAC 地址

    C．网卡的产地　　　　　　　　　　　D．电脑的 IP 地址

2．笔记本电脑的网卡类型是（　　）

    A．ISA　　　　　　　B．PCI　　　　　　C．PCMCIA　　　　　D．USB

3．集线器工作在 OSI 的（　　）

    A．物理层　　　　　B．数据链路层　　　C．网络层　　　　　D．会话层

4．目前常用的网卡类型是（　　）

    A．10Mbps　　　　　B．100Mbps　　　　C．10/100Mbps　　　D．1000Mbps

5．Hub 是指（　　）

    A．网卡　　　　　　B．网桥　　　　　　C．交换机　　　　　D．集线器

6．以下不是集线器常见端口的是（　　）

    A．USB　　　　　　B．RJ-45　　　　　　C．BNC　　　　　　D．AUI

7．工作区子系统设计中，信息模块的类型、对应速率和应用，错误的描述是（　　）

    A．3 类信息模块支持 16Mbit/s 信息传输，适合语音应用

    B．超 5 类信息模块支持 1000Mbit/s 信息传输，适合语音、数据和视频应用

    C．超 5 类信息模块支持 100Mbit/s 信息传输，适合语音、数据和视频应用

    D．千兆位信息模块支持 1000Mbit/s 信息传输，适合语音、数据和视频应用

8．"双速集线器"指的是（　　）

    A．10Mbps　　　　　B．100Mbps　　　　C．10/100Mbps　　　D．1000Mbps

9．网桥是用于（　　）的设备。

    A．物理层　　　　　B．数据链路层　　　C．网络层　　　　　D．传输层

10．关于集线器的堆叠，以下说法不正确的是（　　　　）

    A．并不是所有集线器都可以实现堆叠

    B．集线器的堆叠可以扩大网段的距离

    C．集线器的堆叠不占用集线器上的普通端口

    D．集线器堆叠可以实现多台集线器的统一管理

二、简答题

如何实现集线器的堆叠和级联？

三、案例题

小张准备对机房内 50 台机器组建局域网，首先要确定局域网的拓扑结构，然后再组建。请你帮他解决以下问题：

（1）拓扑结构选择的原则是什么？

（2）要接入局域网，每台计算机必需的设备是什么？它怎么安装？

四、综合题

小明从科技市场花了 112 元买了一台无线路由器、一段网线和 6 个 RJ-45 接头，通过电信公司开通了 ADSL 上网业务，用户名是：n0531002748，密码是 123456，请帮助他完成以下任务：

（1）小明怎么制作 RJ-45 接头？

（2）小明用双绞线连接路由器和 ADSL Modem，请问他应该分别连接两者的什么口？

模块五

结构化布线系统

考纲要求

1. 了解结构化布线系统的组成；
2. 掌握双绞线、光纤的应用。

知识要点

1. 结构化布线系统的组成；
2. 双绞线的应用；
3. 光纤的应用；
4. 布线系统的测试技术；
5. 结构化布线系统工程安装施工。

知识精讲

1. 结构化布线系统的组成

结构化布线系统是指在建筑物或楼宇内安装的传输线路，是一个用于语音、数据、影像和其他信息技术的标准结构化布线系统，以使语音和数据通信设备、交换设备和其他信息管理系统彼此相连，并使这些设备与外部通信网路连接。

（1）结构化布线系统的优点

① 结构清晰，便于管理和维护。

② 材料统一先进，适应今后的发展需要。

③ 灵活性强，适应各种不同的需求。

④ 便于扩充，节约费用，提高了系统的可靠性。

（2）结构化布线系统标准

智能化建筑已逐步发展成为一种产业，如同计算机、建筑一样，也必须有标准规范。目前，已出台的结构化布线系统及其产品、线缆、测试标准主要有：

① EIA/TIA 568 商用建筑物电信布线标准；

② ISO/IEC 11801 国际标准；

③ EIA/TIA TSB 67 非屏蔽双绞线系统传输性能验收规范；

④ 欧洲标准：EN5016、50168、50169 分别为水平配线电缆、跳线和终端连接电缆以及垂直配线电缆标准。

（3）结构化布线系统结构

结构化布线系统采用模块化设计和分层星型拓扑结构，可分为 6 个独立的子系统（模块），各种不同组成部分构成一个有机的整体。

① 工作区子系统（Work Area Subsystem）。由终端设备到信息插座的连接（软线）组成。

② 水平干线子系统（Horizontal Backbone Subsystem）。将电缆从楼层配线架连接到各用户工作区上的信息插座上，一般处在同一楼层。

③ 垂直干线子系统（Riser Backbone Subsystem）。将主配线架与各楼层配线架系统连接起来。

④ 管理间子系统（Administration Subsystem）。将垂直电缆线与各楼层水平布线子系统连接起来。

⑤ 设备间子系统（Equipment Subsystem）。将各种公共设备（如计算机主机、数字程控交换机，各种控制系统，网络互连设备）等与主配线架连接起来。

⑥ 楼宇子系统（Compus Backbone Subsystem）。将一个建筑物中的电缆延伸到另一个建筑物的通信设备和装置。

2．双绞线的应用

无论对模拟信号还是数字信号，也无论是广域网还是局域网，双绞线都是最常用的传输介质。

（1）双绞线的特性

双绞线一般由两根 22 号、24 号或 26 号绝缘铜导线相互缠绕而成，如果把一对或多对双绞线放在一个绝缘套管中便成了双绞线电缆。

由于双绞线电缆具有直径小、质量轻，易弯曲、易安装，具有阻燃性、独立性和灵活性，将串扰减至最小或加以消除等优点，因此在计算机网络布线中应用极为广泛。当然，由于其传输距离短、传输速率较慢等，还需要与其他传输介质配合使用。

（2）双绞线的种类

国际电气工业协会（EIA）根据双绞线的特性进行了分类，主要有 1 类、2 类、3 类、4 类、5 类、超 5 类、6 类。

另外，根据是否具有屏蔽性，双绞线可分为非屏蔽双绞线（Unshielded Twisted Pair，UTP）和屏蔽双绞线（Shielded Twisted Pair，STP）。

（3）双绞线线序标准和插头

现行双绞线电缆中一般包含 4 个双绞线对，具体为橙/橙白、蓝/蓝白、绿/绿白、棕/棕白。双绞线接头为国际标准的 RJ-45 插头和插座。

（4）信息插座的类型

信息插座类型有多种多样，安装方式也各不相同。主要有：3 类、5 类、超 5 类和千兆位信息插座模块以及光纤插座模块等。

3．光纤的应用

光纤为光导纤维的简称，由直径大约为 0.1mm 的细玻璃丝构成。

（1）光纤的传输原理

光纤是一种由石英玻璃纤维制成的非常细的媒介，能传导光线。环绕纤芯的包层能够保证注入的光被限制在纤芯内，当注入纤芯的光碰到包层时，光就会被纤芯和包层间的面反射。在传输计算机网络的电信号时，发送端将电信号转换为光信号，接收端再用光检波器将光信号转换成电信号。

（2）光纤通信系统

光纤通信系统是以光波为载体、光导纤维为传输介质的通信方式，起主导作用的是光源、光纤、光发送机和光接收机。

（3）光纤通信系统的主要优点

① 传输频带宽、信息容量大；

② 线路损耗低、传输距离远；

③ 抗干扰能力强，安全性和保密性极好；

④ 线径细、质量小；

⑤ 抗化学腐蚀能力强。

由于光纤通信具有一系列优异的特性，因此，光纤通信技术近年来的发展无比迅速。但是，光纤本身也有缺点，如质地较脆、机械强度低。

（4）光纤的种类

光纤可以分为两种：多模光纤（Multi-Mode Fiber，简称 MMF）和单模光纤（Single Mode Fiber，简称 SMF）。二者的区别是 SMF 一根光纤中只允许传播一条光路，而 MMF 允许多条光路同时在一根光纤中传播。

（5）光纤连接

EIA/TIA－568A 布线标准推荐使用 62.5/125μm 多模光纤、50/125μm 多模光纤和 8.3/125μm 单模光纤，在光纤连接的过程中，主要有 STII 连接器和 SC 连接器。连接器有陶瓷和塑料两种材质，它的制作工艺分为磨光、金属圈制作，但目前有些公司推出了新产品，采用压接方法。

光纤连接装置是光纤线路的端接和交连的地方，它可以是一个固定的盒子，也可以是一个可抽出的抽屉。它的模块化设计允许灵活地把一个线路直接连到一个设备线路或利用短的互联光缆把两条线路交连起来。可用于光缆端接，带状光缆、单根光纤的接合以及存放光纤的跨接线。

4．布线系统的测试技术

局域网的安装是从电缆开始的，电缆是网络最基础的部分，电缆本身的质量以及电缆安装的质量都直接影响网络能否健康地运行。电缆测试一般可分为两个部分：电缆的验证性测试和电缆的认证性测试。

（1）验证性测试

电缆的验证性测试是测试电缆的基本安装情况。

（2）认证性测试

所谓电缆的认证性测试是指电缆除了正确的连接以外，还要满足有关的标准，即安装好的电缆的电气参数（例如衰减、近端串扰等）是否达到有关规定所要求的指标，这类标准有TIA、IEC 等。

（3）常用测试工具

Fluke 620 局域网电缆测试仪、Fluke DSP-100 电缆测试仪、Fluke DSP-2000 电缆测试仪、Fluke DSP-4000/4100 电缆测试仪等。

5．结构化布线系统工程安装施工

（1）安装施工的基本要求

① 必须按照我国发布的结构化布线系统工程验收规范等有关规定进行施工和验收。

② 必须重视工程质量，按照施工规范的有关规定，加强自检、互检和随工检查。

③ 力求做到不影响房屋建筑结构强度，不有损于内部装修美观的要求，不发生降低其他系统使用功能和有碍于用户通信畅通的事故，务必达到结构化布线系统工程的整体质量优良。

（2）工程的施工准备

① 熟悉掌握工程设计和施工图纸，全面了解全部工程施工的基本内容。

② 现场调查工程的环境和施工条件。

③ 编制工程进度和施工组织计划。

④ 对工程所需设备、器材、仪表和工具进行检验。

典型例题

1．（2016 年春季高考题）结构化布线系统采用模块化设计，将垂直电缆线与各楼层水平布线子系统连接的模块是（　　　）。

　　A．管理子系统　　　B．工作区子系统　　C．设备子系统　　　D.建筑群主干线子系统

答案：A

解析：管理间子系统（Administration Subsystem）。将垂直电缆线与各楼层水平布线子系统连接起来。

2．（2016 年春季高考题）下列有关双绞线的说法，错误的是（　　　）。

　　A．电缆两端接不同类型设备用直通线

　　B．单段双绞线的传输距离可达 100 米

　　C．电缆两端的接线只能用 T568B 标准

　　D．铜导线两两相绞，可降低信号干扰

答案：C

解析：国家标准水晶头有两种标准分别为 T568A 和 T568B。

3．王老师办公室新增一台电脑，需要连到办公室局域网，学校网管提供一段超五类 UTP双绞线和两个水晶头，请你帮王老师制作网线，回答下列问题：

（1）写出 T568B 连接标准的线序。

（2）简述制作 RJ-45 头的步骤。

答：（1）T568B 标准排线：橙白、橙、绿白、蓝、蓝白、绿、棕白、棕。

（2）① 首先将双绞线电缆套管，自端头剥去大于 20mm，露出 4 对线。

② 将双绞线反向缠绕开。

③ 根据 T568B 标准排线。

④ 剪齐线头。

⑤ 插入插头。

⑥ 用网线钳压紧。

⑦ 使用网线测试仪测试。

巩固练习

一、选择题

1．非屏蔽双绞线的符号表示为（　　　）

A．STB　　　　　　B．FTP　　　　　　C．STP　　　　　　D．UTP

2．非屏蔽双绞线电缆用色标来区分不同的线对，计算机网络系统中常用的四对双绞线电缆有四种本色，它们是（　　　）

A．蓝色、橙色、绿色、紫色　　　　　　B．蓝色、红色、绿色、棕色

C．蓝色、橙色、绿色、棕色　　　　　　D．白色、橙色、绿色、棕色

3．水平干线子系统一般采用（　　　）拓扑结构。

A．环型　　　　　　B．总线型　　　　　　C．树状型　　　　　　D．星型

4．以下关于网卡的说法不正确的是（　　　）

A．每块以太网卡都有一个全球唯一的地址

B．网卡是组建局域网必不可少的

C．网卡实现了 OSI 中物理层的功能

D．当数据传送到本机时，信息最先存储在网卡的缓存中

5．粗同轴电缆网卡的接口是（　　　）

A．USB　　　　　　B．AUI　　　　　　C．BNC　　　　　　D．RJ-45

6．水平干线子系统双绞线的长度最长不能超过（　　　）米。

A．70　　　　　　B．80　　　　　　C．90　　　　　　D．100

7．安装在墙上的信息插座，其位置宜高出地面（　　　）左右。

A．20　　　　　　B．30　　　　　　C．40　　　　　　D．50

8．五类双绞线能支持（　　　）以下的信息传输．

A．20MHz　　　　　　B．50MHz　　　　　　C．80MHz　　　　　　D．100MHz

9．综合布线的标准中，属于中国的标准是（　　　）

A．TIA/EIA568　　　　　　　　　　　B．GB/T50311－2000

C．EN50173　　　　　　　　　　　　D．ISO/IEC11801

10．从 RJ-45 插座到计算机等终端设备间的连线宜用双绞线，且不要超过（　　　）

A．5m　　　　　　B．10m　　　　　　C．15m　　　　　　D．20m

二、简答题

结构化布线系统的基本含义是什么？与传统布线相比，具有哪些特点？

三、案例题

小李想通过路由器把电脑连起来，于是从科技市场买来了一段双绞线和一些 RJ-45 接头，但是小李不知道怎么制作水晶头，请你帮帮他？

四、综合题

小王和小张是舍友，他们想把两个人的笔记本电脑联成局域网打游戏，可是现在只有一段双绞线和 RJ-45 接头，请问他们应该怎么制作这段连接线？

Internet 基础

考纲要求

1. 了解 Internet 的主要功能与组成；
2. 掌握 Internet 地址和域名服务；
3. 了解 Internet 的接入方式。

知识要点

1. Internet 概述；
2. Internet 的功能；
3. Internet 的组成；
4. Internet 地址和域名服务；
5. Internet 接入方式。

知识精讲

1. Internet 概述

Internet 的全称是 InterNetwork，中文称为国际互联网。Internet 是集现代计算机技术、通信技术于一体的全球性计算机互联网，它是由世界范围内各种大大小小的计算机网络相互连接而成的全球性计算机网络。

（1）Internet 的产生

Internet 是由美国的军事网络 ARPANET 发展而来的。

（2）Internet 的特点

① Internet 是开放的；

② Internet 对用户是透明的；

③ Internet 是一种自律的、自我管理和自我发展的网络；

④ Internet 的服务方式是采用客户机/服务器的工作模式；

⑤ Internet 是一种交互式的信息传播媒体。

（3）信息高速公路

信息高速公路是指数字化大容量光纤通信网络或无线通信、卫星通信网络与各种局域网络组成的高速信息传输通道。它由高速信息传输通道（如光缆、无线通信网、卫星通信网、电缆通信网）、网络通信协议、通信设备、多媒体软件等几部分组成。

2. Internet 的功能

Internet 的主要功能有：电子邮件服务、文件传输、远程登录、万维网服务等。

（1）电子邮件服务

电子邮件简称 E-mail（Electronic Mail），它利用计算机的存储、转发原理，克服时间、地理上的差距，通过计算机终端和通信网路进行文字、声音、图像等信息的传递。是 Internet 为用户提供的最基本的服务，也是 Internet 上最广泛的应用之一。

电子邮件系统采用了简单邮件传输协议 SMTP（Simple Mail Transfer Protocol），它可以保证不同类型的计算机之间电子邮件的传送。

（2）文件传输服务（FTP）

文件传输服务器允许 Internet 上的用户将一台计算机上的文件传送至另一台计算机上。它是广大用户获得丰富的 Internet 资源的重要方法之一。人们常见的 Microsoft Internet Explore 浏览器就可以实现文件传输功能。

Internet 上这一功能的实现是由 TCP/IP 协议簇中的文件传输协议 FTP（File Transfer Protocol）支持的。

（3）远程登录

在 Internet 中，用户可以通过远程登录使自己成为远程计算机的终端，然后在它上面运行程序，或使用它的软件和硬件资源。这是 Internet 上用途非常广泛的一项基本服务。

为了达到这个目的，人们开发了远程终端协议，即 Telnet 协议。Telnet 协议是 TC/IP 协议的一部分，它精确地定义了远程登录客户机与远程登录服务器之间的交互过程。

（4）万维网服务

万维网 WWW（World Wide Web）是一种交互式图形接口的 Internet 服务，简称 Web 或 3W，WWW 采用的是客户机/服务器的工作模式，具有强大的信息连接功能，目前是 Internet 上增长最快的网络信息服务，也是 Internet 上最方便和最受用户欢迎的信息服务类型。

3. Internet 的组成

（1）Internet 的基本结构

互联网的结构是多层网络群体结构，一般是由三层网络构成的：

① 主干网：主干网是 Internet 的最高层，它是 Internet 的基础和支柱网层。

② 中间层网：中间层网是由地区网络和商业用网络构成的。

③ 底层网：底层网处于 Internet 的最下层，主要是由各科研院所、大学及企业的网络构成。

（2）Internet 的结构特点

① 对用户隐藏网间连接的低层节点；

② 不指定网络互连的拓扑结构；

③ 能通过中间网络收发数据；

④ 用户接口独立于网络，即建立通信和传达数据的一系列操作与低层网络技术和信宿机无关，只与高层协议有关。

（3）Internet 服务商提供的服务类型

① Internet 接入服务；

② Internet 系统集成服务；

③ 从事数据库及各种类型的信息方面的服务。

4．Internet 地址和域名服务

Internet 上的计算设备或主机通过具有唯一性的网络地址来标识自己，Internet 上的网络地址有两种表示形式：IP 地址和域名。

（1）IP 地址的含义

所谓 IP 地址就是 IP 协议为标识主机所使用的地址，它是 32 位的无符号二进制数，分为 4 个字节，以 X．X．X．X 表示，每个 X 为 8 位，对应的十进制取值为 0～255。IP 地址又分为网络地址和主机地址两部分，其中，网络地址用来标识一个物理网络，主机地址用来标识这个网络中的一台主机。

	地址范围	
A 类	1.0．0.0～127.255.255.255	适用于有大量主机的大型网络
B 类	128.0．0.0～191.255.255.255	一般分配给中等规模主机数的网络使用，如一些国际性大公司与政府机构等
C 类	192.0．0.0～223.255.255.255	一般分配给小型的局域网使用，如一些小公司及普通的研究机构
D 类	224.0．0.0～239.255.255.255	组播地址，不用于标识网络，主要是留给 Internet 体系结构委员会 IAB（Internet Architecture Board）使用
E 类	240.0．0.0～247.255.255.255	暂时保留以备将来使用

（2）特殊 IP 地址

主机地址全为 0：该地址不分配给单个主机，而是指网络本身。

主机地址全为 1：定向广播地址。

网络地址全为 1：回送地址，用于网络软件测试和本地机进程间通信。

255.255.255.255：本地网络广播。

0.0．0.0：本网主机。

（3）Internet 的域名服务（DNS）

DNS 包含两方面的内容：一是主机域名的管理，另一个是主机域名与 IP 地址之间的映像。域名系统 DNS 采用了层次化、分布式、面向客户机/服务器模式的名字管理来代替原来的集中管理，并允许命名管理者在较低的结构层次上管理他们自己的名字。

通常 Internet 主机域名的一般结构为：主机名·三级域名·二级域名·顶级域名。

（4）域名解析

虽然字符型的主机域名比数字型的 IP 地址更容易记忆，但在通信时必须将其映像成能直接用于 TCP/IP 协议通信的数字型 IP 地址。这个将主机域名映像为 IP 地址的过程叫域名解析。

域名解析有两个方向：从主机域名到 IP 地址的正向解析、从 IP 地址到主机域名的反向解析。TCP/IP 中通过两个协议来与之对应：地址解析协议 ARP（Address Resolution Protocol）

和反向地址解析协议 RARP（Reverse Address Resolution Protocol）。域名的解析是由一系列的域名服务器 DNS 来完成的。域名服务器实际是运行在指定的主机上的软件，能够完成从域名到 IP 地址的映射。

（5）中文域名

中文域名是含有中文的新一代域名，也是符合国际标准的一种域名体系，使用上和英文域名近似。目前我国域名体系中共设置了"cn"和"中国"、"公司"、"网络"3 个中文顶级域名，在这 4 个顶级域名下都可以申请注册中文域名。

5．Internet 接入方式

（1）拨号上网

拨号接入最适合个人和比较小的单位使用。用户通过调制解调器（Modem）与 ISP 的访问服务器或终端服务器相连接，并通过 ISP 来实现与 Internet 的连接。通常 ISP 提供两种拨号连接方式：远程终端方式和 SLIP/PPP 方式。

（2）专线上网

这种方式适用于使用人数多、数据通信量比较大的情况，比如校园网和大中型企事业单位。通过专线连接入网的用户，其计算机系统成为 Internet 的一部分，有自己的固定 IP 地址，在网上与其他 Internet 主机地位平等，可以使用和实现 Internet 的所有功能。

（3）宽带网的实现

宽带网接入不仅增大了上网的带宽，提高上网的速度。而且使 Internet 能够更好地适应社会发展的需要，能够为人们提供更多、更好的服务。要实现宽带网的接入将涉及宽带接入的主干网建设、客户端接入方式两方面的问题。

主干网的建设目前主要有电信网和有线电视网两块，其实现技术大同小异，上层协议基本以 TCP/IP 协议为主，下层承载传送技术主要有三种：IP over ATM，IP over SDH，IP over WDM。

典型例题

1．（2016 年春季高考题）在 C 类 IP 地址中，用来标识网络地址长度的倍数是（　　）。

　　A．24　　　　　　B．21　　　　　　C．14　　　　　　D．7

答案：B

解析：C 类 IP 地址，网络地址长度为 21（24－3）位，允许有 2097152 个不同的 C 类小型网络。

2．（2016 年春季高考题）WWW 是一种交互式图形界面的 Internet 服务，它采用的工作模式是什么？请写出其工作流程。

答案：WWW 采用的是客户机/服务器（C/S）的工作模式。

WWW 的工作流程如下。

（1）在客户端，与服务器建立连接。

（2）用户使用浏览器向 Web Server 发出浏览信息请求。

（3）Web 服务器接收到请求，并向浏览器返回所请求的信息。

（4）客户机收到文件后，解释该文件并显示在客户机上。

3．（2015年春季高考题）关于WWW服务，下列说法错误的是（　　）

  A．WWW服务采用的主要传输协议是HTTP

  B．WWW服务以超文本组织网络多媒体信息

  C．用户访问Web服务器可以使用统一的图形用户界面

  D．用户访问Web服务器不需要服务器的URL地址

答案： D

解析： 文本链接由统一资源定位器维持。

巩固练习

1．下列叙述不是Internet的特点的是（　　）

  A．商业化   B．分布式   C．交互式   D．开放性

2．中国公用计算机互联网为（　　）

  A．CHINAGBN B．CERNET C．CSTNET D．CHINANET

3．从用户的角度看，Internet是一个（　　）

  A．远程网   B．综合业务数字网 C．信息资源网 D．广域网

4．Internet的服务采用的工作模式是（　　）

  A．对等模式   B．主机/终端 C．服务器/客户机 D．服务器/浏览器

5．HTTP是（　　）

  A．邮件传输协议 B．域名服务 C．文件传输协议 D．超文本传输协议

6．匿名FTP服务器的登录用户名一般为（　　）

  A．自己随意设定的用户名   B．guest

  C．user   D．anonymous

7．电子邮箱的地址由用户名@（　　）组成。

  A．文件名   B．主机地址 C．匿名   D．域名

8．远程登录使用的协议主要是（　　）

  A．telnet   B．FTP   C．POP3   D．HTTP

9．Internet采用（　　）的信息组织方式将信息发布到网络上。

  A．超文本和超媒体   B．文件传输

  C．客户机/服务器   D．统一资源定位

10．ISP服务主要包括（　　）

  A．ICP   B．ASP   C．IAP   D．以上都是

二、简答题

1．计算机网络的主要功能有哪些？

2．简述 Internet 的特点。

三、案例题

小强是单位的网络管理员，现在准备对单位的网络进行改造，需要购买设备并进行子网的划分，可有一些问题，他不太清楚，请您根据所学知识帮助小强回答以下问题：

（1）交换机采用的交换技术有哪几种？

（2）路由器的功能是什么？

（3）网卡工作在 OSI 模型的哪一层，该层的功能是什么？

（4）单位的 IP 地址是 202.102.128.0，现在需要划分 6 个子网，每个子网有 30 台电脑，请您帮他写出划分子网的计算步骤及子网的地址和 IP 范围。

四、综合题

设有 A、B、C、D 四台主机都处在同一个物理网络中：

　　A 主机的 IP 地址是 193.165.32.214　　　B 主机的 IP 地址是 193.165.32.66

　　C 主机的 IP 地址是 193.165.32.93　　　　D 主机的 IP 地址是 193.165.32.145

共同的子网掩码是 255.255.255.224

（1）A、B、C、D 四台主机间哪些可以直接通信？为什么？

（2）该网络划分了几个子网，写出各子网的地址。

（3）若要加入第五台主机 E，使它能与"C 主机"直接通信，其 IP 地址的设定范围应是什么？

网络安全与管理

考纲要求

1. 了解网络资源管理方法及网络管理协议；
2. 了解黑客入侵的防范及防火墙的相关内容；
3. 掌握常见网络故障的排除方法。

知识要点

1. 网络安全与管理；
2. 网络资源管理；
3. 网络管理协议；
4. 网络病毒的防范；
5. 网络黑客入侵的防范；
6. 几种常见网络安全技术。

 知识精讲

1. 网络安全与管理

（1）网络安全的内容

网络安全涉及的内容主要包括：外部环境安全、网络连接安全、操作系统安全、应用系统安全、管理制度安全、人为因素影响。

（2）网络管理

所谓网络管理，是指用软件手段对网络上的通信设备及传输系统进行有效的监视、控制、诊断和测试所采用的技术和方法。网络管理涉及三个方面：

① 网络服务提供：是指向用户提供新的服务类型、增加网络设备、提高网络性能。

② 网络维护：是指网络性能监控、故障报警、故障诊断、故障隔离与恢复。

③ 网络处理：是指网络线路及设备利用率，数据的采集、分析，以及提高网络利用率的各种控制。

（3）网络管理系统

一个网络管理系统从逻辑上可以分为以下三个部分：

① 管理对象；

② 管理进程；

③ 管理协议。

（4）OSI 管理功能域

OSI 网络管理标准将开放系统的网络管理功能划分成五个功能域，即配置管理、故障管理、性能管理、安全管理、记账管理，这些功能域分别用来完成不同的网络管理功能。

2．网络资源管理

（1）网络资源的表示

在网络管理协议中采用面向对象的概念来描述被管网络元素的属性。网络资源主要包括：硬件、软件、数据、用户、支持设备。

（2）网络管理的目的

为满足用户解决网络性能下降和改善网络瓶颈的需要，根据用户网络应用的实际情况，为用户设计并实施检测方案，从不同的角度做出分析，最终定位问题和故障点，并提供资源优化和系统规划的建议。

3．网络管理协议

网络管理协议是代理和网络管理软件交换信息的方式，它定义使用什么传输机制，代理上存在何种信息以及信息格式的编排方式。

（1）SNMP 协议

SNMP 是"Simple Network Management Protocol"的缩写，中文含义是"简单网络管理协议"，是 TCP/IP 协议簇的一个应用层协议，它是随着 TCP/IP 的发展而发展起来的。

SNMP 作为一种网络管理协议，它使网络设备彼此之间可以交换管理信息，使网络管理员能够管理网络的性能，定位和解决网络故障，进行网络规划。

SNMP 的网络管理模型由三个关键元素组成：被管理的设备（网元）、代理（Agent）、网络管理系统（NMS，Network Management System）。

（2）RMON

RMON（Remote Monitoring，远程监控）是关于通信量管理的标准化规定，RMON 的目的就是要测定、收集、管理网络的性能，为网络管理员提供复杂的网络错误诊断和性能调整信息。

4．网络病毒的防范

（1）网络与病毒

国际互联网开拓型的发展，信息与资源共享手段的进一步提高，也为计算机病毒的传染带来新的途径，病毒已经能够通过网络的新手段攻击以前无法接近的系统。企业网络化的发展也有助于病毒的传播速度大大提高，感染的范围也越来越广。可以说，网络化带来了病毒传染的高效率，从而加重了病毒的威胁。

（2）网络病毒的防范

基于网络的多层次的病毒防护策略是保障信息安全、保证网络安全运行的重要手段。从网络系统的各组成环节来看，多层防御的网络防毒体系应该由用户桌面、服务器、Internet 网关和病毒防火墙组成。

先进的多层病毒防护策略具有三个特点：层次性、集成性、自动化。

5．网络黑客入侵的防范

黑客（Hacker），常常在未经许可的情况下通过技术手段登录到他人的网络服务器甚至是连接在网络上的单机，并对其进行一些未经授权的操作。

（1）攻击手段

非授权访问、信息泄漏或丢失、破坏数据完整性、拒绝服务攻击、利用网络传播病毒。

（2）防范手段

防范黑客入侵不仅仅是技术问题，关键是要制定严密、完整而又行之有效的安全策略。它包括三个方面的手段：法律手段、技术手段、管理手段。

6．几种常见网络安全技术

（1）防火墙的作用

防火墙（Firewall）是设置在被保护网络和外部网络之间的一道屏障，以防止发生不可预测的、潜在破坏性的侵入。在逻辑上，防火墙是一个分离器，一个限制器，也是一个分析器，它有效地监控了内部网和 Internet 之间的任何活动，保证了内部网络的安全。

防火墙能有效地防止外来的入侵，它在网络系统中的作用是：

① 控制进出网络的信息流向和信息包；

② 提供使用及流量的日志和审计；

③ 隐藏内部 IP 地址及网络结构的细节；

④ 提供 VPN 功能。

（2）防火墙的技术

防火墙总体上分为包过滤、应用级网关和代理服务器等几大类型。

（3）设置防火墙的要素

① 网络策略。

影响防火墙系统设计、安装和使用的网络策略可分为两级，高级的网络策略定义允许和禁止的服务以及如何使用服务，低级的网络策略描述防火墙如何限制和过滤在高级策略中定义的服务。

② 服务访问策略。

典型的服务访问策略是：允许通过增强认证的用户在必要的情况下从 Internet 访问某些内部主机和服务；允许内部用户访问指定的 Internet 主机和服务。

③ 防火墙设计策略。

通常有两种基本的设计策略：允许任何服务除非被明确禁止；禁止任何服务除非被明确允许。

④ 增强的认证。

增强的认证机制包含智能卡，认证令牌，生理特征（指纹）以及基于软件（RSA）等技术，来克服传统口令的弱点。目前许多流行的增强机制使用一次有效的口令和密钥（如

SmartCard 和认证令牌）。

（4）防火墙的分类

防火墙分为软件防火墙和硬件防火墙。

（5）IPSec 技术

IPSec（Internet Protocol Security）是一种网络通信的加密算法，采用了网络通信加密技术。IPSec 的主要特征在于它可以对所有 IP 级的通信进行加密和认证，正是这一点才使 IPSec 可以确保包括远程登录、客户/服务器、电子邮件、文件传输及 Web 访问在内的多种应用程序的安全。

典型例题

（2016 年春季高考题）能管理网络的性能，定位和解决网络故障，并进行网络规划的网管协议是（　　）。

　　A．ICMP　　　　　B．STMP　　　　　C．OSPF　　　　　D．SNMP

答案：D

解析：SNMP 作为一种网络管理协议，它使网络设备彼此之间可以交换管理信息，使网络管理员能够管理网络的性能，定位和解决网络故障，进行网络规划。

巩固练习

一、选择题

1．网络管理设计的方面不包括（　　　）

　　A．网络处理　　　　　　　　　　B．网站设计

　　C．网络维护　　　　　　　　　　D．网络服务提供

2．网络管理系统从逻辑上可分为三个方面，不包括下面（　　　）

　　A．管理对象　　　B．管理人员　　　C．管理进程　　　　D．管理协议

3．网络安全方面涉及的人为因素不包括（　　　）

　　A．人为操作失误或错误　　　　　B．黑客攻击

　　C．不满的内部员工　　　　　　　D．恶意代码

4．网络的不安全因素有（　　　）

　　A．计算机病毒的入侵　　　　　　B．线路被截获

　　C．网络黑客　　　　　　　　　　D．以上都是

5．下列哪一项不是维护网络安全的措施（　　　）

　　A．信息加密　　　　　　　　　　B．升级网络安全系统

　　C．安装防火墙　　　　　　　　　D．让所有用户参与管理

6．网络管理中，通常需要监控网络内设备的状态、相互间的连接关系、工作参数，这些工作属于（　　　）

　　A．安全管理　　　　　　　　　　B．配置管理

　　C．性能管理　　　　　　　　　　D．安全管理

7. 网络管理信息库又称为（　　　），它是一个存放管理元素信息的数据库。

    A．NMS   B．HUB   C．MIB   D．DB

8. 网络管理协议是代理和网络管理软件交换信息的方式，下列属于网络管理协议的是（　　　）

    A．HTTP   B．SMTP   C．SNMP   D．POP3

9. 下列关于网络安全的叙述中正确的是（　　　）

    A．网络操作系统是绝对安全的

    B．所有的网络病毒都可以防范

    C．防火墙是一种计算机硬件

    D．网络管理系统从逻辑上分为管理对象、管理进程和管理协议三个部分。

10. ROMN 的目的是（　　　）

    A．测定、收集网络的性能信息   B．监控网络病毒

    C．一种防火墙协议   D．OSI 网络管理的记账管理

二、简答题

什么是网络管理，网络管理包括哪几方面的内容？

三、案例题

小刚是某办公室的微机管理员，办公室新进了一台打印机，小刚想把这一台打印机安装成网络打印机，但是他安装时发现无法安装网络打印机，在自己的网上邻居中也看不到本办公室内的其他计算机，请您帮助小刚解决以上问题？

局域网的组建

考纲要求

1. 掌握小型局域网的组建；
2. 了解无线局域网。

知识要点

1. 家庭局域网的组建；
2. 中小型办公局域网的组建；
3. 无线局域网。

 **知识精讲**

1. 家庭局域网的组建

家庭网络，也叫 SOHO（Small Office and Home Office），就是将家庭中的多台计算机（一般为 2～10 台）连接起来组成的小型局域网。在家庭网络中设置服务器，显然有些浪费资源，所以组建对等式网络是最佳选择，对等式网络组建方便，容易维护，网络中每一台机器都可以共享其他机器上的数据、文件、光驱、打印机的其他设备，基本上可以满足家庭的使用要求。

（1）使用网卡实现双机互联

在所有的双机互联方案中，用网卡连接是最简便、速度最快的一种方式。用户只要在两台计算机中安装网卡，再用双绞线连接到网卡的 RJ-45 接口就可以了。在这种网络中，能够共享文件和硬件设备，以及共享一个账号上网，并可实现 100Mbps 的传输速率。

（2）使用交换机实现多机互联

对三台或以上的计算机之间的连接，可用交换机组建星状网络，这种连网方式组建简单，维护方便，便于扩展，具有一定的稳定性和安全性。

2. 中小型办公局域网的组建

按网络规模分，局域网可分为小型、中型及大型三类，在实际工作中，一般将信息点在100 点以下的网络称为小型网络，信息点在 100～500 之间的网络称为中型网络，信息点在 500以上的称为大型网络。这里主要介绍中小型网络的组建方法。

中小型企业办公局域网的硬件设备要比家庭网络复杂一些，除网卡、网线、集线器这些基本的设备以外，还可能用到交换机、路由器和服务器等。根据组网的规模、网速和网络性能的要求不同，这些设备的选择会有所不同。

3. 无线局域网

无线局域网是指使用无线信道传输介质的计算机局域网络（Wireless LAN，简称 WLAN），它是在有线网的基础上发展起来的，使网上的计算机具有可移动性，能快速、方便地解决有线方式不易实现的网络信道的连通问题。

（1）无线传输介质

无线局域网的基础还是传统的有线局域网，是有线局域网的扩展和替换。它只是在有线局域网的基础上通过无线集线器、无线访问节点、无线网桥、无线网卡等设备使无线通信得以实现。与有线网络一样，无线局域网同样也需要传输介质。只是无线局域网采用的传输介质不是双绞线或者光纤，而是红外线或者无线电波。

（2）无线局域网主要协议标准

目前常用的无线网络标准主要有美国 IEEE 所制定的 802.11 标准（包括 802.11a、802.11b、802.11g 以及 802.11n 等标准）、蓝牙（Bluetooth）标准以及 HomeRF（家庭网络）标准等。

（3）无线局域网的优点

① 由于采用无线电波做介质，避开了布线的困扰，同时调频无线电波可以穿透玻璃或墙壁，能够满足一定范围内的局部组网。

② 在开放性办公区、办公场所变化频繁、移动办公、展示会议以及场地条件恶劣不适宜布线的场合，无线局域网具有有线网络无可替代的优越性。

③ 无线局域网构建简单，组网比较容易，管理和维护的技术要求也不高，比如在无线局域网中就不会发生电缆断线或接头连接等故障。

④ 能够保持与有线网络的兼容，通过接入点设备可以实现无线局域网与有线网络的无缝连接。

⑤ 对经常变动的办公网络，无线局域网方案比有线网络成本更低。

巩固练习

一、选择题

1. 在计算机网络中，共享的资源主要是指硬件、数据与（　　）
    A. 外设　　　　　　B. 主机　　　　　　C. 通信信道　　　　　　D. 软件

2. 下面关于 802.1q 协议的说明中正确的是（　　）。
    A. 这个协议在原来的以太帧中增加了 4 个字节的帧标记字段
    B. 这个协议是 IETF 制定的
    C. 这个协议在以太帧的头部增加了 26 字节的帧标记字段
    D. 这个协议在帧尾部附加了 4 字节的 CRC 校验码

3. 无线局域网（WLAN）标准 IEEE802.11g 规定的最大数据速率是（　　）。
    A. 1Mb/s　　　　　B. 11Mb/s　　　　　C. 5Mb/s　　　　　D. 54Mb/s

4. 10Base-T 以太网中，以下说法不正确的是（ ）

    A．10 指的是传输速率为 10Mbps   B．Base 指的是基带传输

    C．T 指的是以太网   D．10Base-T 是以太网的一种类型

5. 不属于局域网标准的有（ ）

    A．IEEE802.3   C．IEEE802.3z   B．IEEE802.3u   D．TCP/IP

6. IEEE 802 标准中，（ ）规定了 LAN 参考模型的体系结构。

    A．802.1A   B．802.2   C．802.1B   D．802.3

7. 随着微型计算机的广泛应用，大量的微型计算机是通过局域网连入到广域网的，而局域网与广域网的互联一般是通过（ ）设备实现的。

    A．Ethernet 交换机   B．路由器

    C．网桥   D．电话交换机

8. 在 802.11 定义的各种业务中，优先级最低的是（ ）

    A．分布式竞争访问   B．带应答的分布式协调功能

    C．服务访问节点轮询   D．请求/应答式通信

9. 局域网的核心协议是（ ）

    A．IEEE 801 标准 B．IEEE 802 标准 C．SNA 标准   D．非 SNA 标准

10. 在以下传输介质中，带宽最宽、抗干扰能力最强的是（ ）

    A．双绞线   B．无线信道   C．同轴电缆   D．光纤

二、简答题

1. 局域网的主要特点是什么？

2. 决定局域网特性的 3 个要素是什么？

C 语言编程基础

模块一

C 语言编程基础

基本要求

1. 了解 C 语言源程序的书写格式；
2. 掌握标识符的作用和构成规则；
3. 掌握函数的构成及 C 语言程序的结构特点。

第一讲　C 语言概述

知识要点

1. 了解 C 语言的发展简史；
2. 了解 C 语言的基本符号集；
3. 掌握标识符的作用和构成规则；
4. 了解 C 语言的保留字。

知识精讲

一、C 语言简史及特点

1. C 语言简史

1960 年　ALGOL 60：离硬件比较远，不宜用来编写系统程序。

1963 年　CPL 语言（Combined Programming Language）：规模较大，难以实现。

1967 年　BCPL 语言

1970 年　B 语言：过于简单，功能有限。

1972—1973 年 C 语言：比较精练，接近硬件。

C 语言是一种编译性程序设计语言。设计 C 语言的最初目的只是为了描述和实现 UNIX 操作系统。

2. C 语言的特点

（1）C 语言是结构化程序设计语言；

（2）是模块化程序设计语言；

（3）具有丰富的运算子；

（4）具有丰富的数据类型和较强的数据处理能力；

（5）C语言不但具有高级语言的特性，还具有汇编语言的特点；

（6）具有较强的移植性。

二、C语言的基本符号集

C语言的基本符号集采用ASCII字符集。包括：

（1）大小写英文字符各26个；

（2）数字0～9个；

（3）含运算符在内的特殊符号39个。

三、标识符

1．标识符的作用

在C语言中，标识符主要作为常量、变量、函数和自定义类型的名字使用。

2．标识符的构成规则

（1）标识符必须以字母或下划线开头、由字母、数字和下划线组成，例如：qwe、A3、S_1等都是合法的标识符，而x+2、3a则不合法。

（2）标识符名称区分大小写。如a1和A1是两个不同的标识符。

（3）一个标识符可以由多个字符组成，但一般只有前8个字符有效。

四、保留字

保留字又称关键字，是C语言编译系统固有的、具有专门意义的标识符。保留字一般用作C语言的数据类型或语句名。C语言的保留字有32个，见下表。

C语言保留字

描述类型定义	描述存储类型	描述数据类型	描述语句
typedef	auto	char	break
void	extern	double	continue
	static	float	switch
	register	int	case
		long	default
		short	if
		struct	else
		union	do
		unsigned	for
		const	while
		enum	goto
		signed	sizeof
		volatile	return

说明：

① 所有保留字均采用小写字母。

② 保留字不能再作为用户的常量、变量、函数和类型等的名字。

典型例题

【例1】以下说法正确的是（　　　）

A．INT 和 float 都是 C 语言的保留字

B．C 语言是汇编语言

C．C 语言的符号集采用 ASCII 码字符集

D．C 语言标识符名称的长度没有限制，C 语言编译程序都能正确区分它们

答案：C

解析：C 语言的保留字都是小写字母，故 INT 不是 C 语言的保留字；C 语言是高级语言；C 语言的标识符可以由多个字符组成，但一般只有前 8 个字符有效。

【例2】以下合法的标识符为（　　　）

A．3AB　　　　　B．A-4　　　　　C．while　　　　　D．Main

答案：D

解析：标识符必须以字母或下划线开头，由字母、数字和下划线组成，而答案 A 以数字开头，答案 B 含"-"字符，故都是错误的。while 是 C 语言的保留字，不能作为用户标识符的名称。

巩固练习

一、选择题

1．下面合法的标识符是（　　　）

A．3def　　　　　B．char　　　　　C．CD*23　　　　　D．f3

2．下面（　　　）是保留字。

A．int　　　　　B．def　　　　　C．scanf　　　　　D．For

3．以下各标识符中合法的标识符为（　　　）

A．d#e　　　　　B．printf　　　　　C．5-2　　　　　D．def&

4．下面（　　　）是 C 语言的保留字。

A．CHAR　　　　　B．GETCH　　　　　C．do　　　　　D．Case

第二讲　C 语言程序

知识要点

1．了解 C 语言源程序的书写格式；

2．掌握函数的构成及 C 语言程序的结构特点；

3．掌握 C 语言的编辑及运行方法。

知识精讲

一、源程序的书写格式及结构特点

1．书写格式

```
#include <stdio. h>
main()
{
  int a=0;
  a=a+1;
  Printf("a=%d\n", a);
}
f1()
{. .
. .
}
f2()
{. .
}
```

2．C 语言源程序的特点

（1）C 语言是基于函数的语言，C 语言程序由一个或多个函数组成。其中有且只能有一全名为 main 的主函数，其书写顺序无关紧要。

（2）函数由函数说明部分和函数体两部分组成。

（3）函数的说明部分包括函数名称、函数类型、参数名称、参数类型。

（4）函数体用"{ }"括起来，包括变量说明和可执行语句两部分。

（5）函数名后面必须有一对"（）"，这是函数的标志。

（6）程序一般用小写字母书写。

（7）一行可以写多条语言，一条语言可以写在多行上，用"\"作为续行符。

（8）每条语句的最后以"；"结束，分号是语句的结束标志。

（9）注释部分包括在"/*"和"*/"之间，在编译时它被编译器忽略。

二、C 语言程序的编辑及运行

C 语言采用编译方式将源程序翻译为二进制可执行文件，一般过程可分四步：

1．编辑程序

编辑程序包含以下内容：

（1）将源程序输入至计算机内存。

（2）修改源程序，并保存源文件。源程序文件的扩展名为.C。

2．程序编译

C 语言编译程序对源程序进行语法检查，如发现错误，重新修改源程序，再重新编译。正确的源程序文件经过编译后，形成.OBJ 文件。

3．程序连接

编译后产生的二进制文件，不能直接运行，需要把各个二进制模块及系统提供的标准库函数等进行处理后，形成可执行文件。可执行文件的扩展名为．EXE。

4．程序运行

产生可执行文件后，可以在操作系统支持下运行该文件，得到运行结果。

典型例题

【例1】C语言是（　　）语言。

　　A．解释　　　　　　B．编译　　　　　　C．低级　　　　　　D．汇编

答案：B

解析：C语言是编译语言，还是高级语言。

【例2】下列程序中的错误在（　　　）

```
main()
{...
    {...
{...   }}
```

答案：在程序的最后加一个花括号"}"。

分析：从上面的C程序结构中，可以明显看出花括号不是成对出现的，必须在上面的程序中再加上花括号，可以加在最后，也可以加在第四行或第五行，看程序的具体情况而定。

巩固练习

一、选择题

1．C语言程序由（　　）组成。

　　A．子程序　　　　　B．主程序和子程序　C．函数　　　　　　D．过程

2．C语言源程序要正确地运行，必须要有（　　　）

　　A．printf函数　　　B．自定义的函数　　C．main函数　　　　D．不需要函数

3．C程序的基本单位是（　　　）

　　A．标识符　　　　　B．函数　　　　　　C．表达式　　　　　D．语句

4．在C语言程序中，main( )函数的位置是（　　　）

　　A．必须作为第一个函数　　　　　　　　B．必须作为最后一个函数

　　C．可以任意　　　　　　　　　　　　　D．必须放在它所调用的函数之后

5．以下说法正确的是（　　　）

　　A．C语言程序总是从第一个函数开始执行

　　B．在C语言程序中，要调用的函数必须放在main()函数的前面定义

　　C．C语言程序总是从main()函数开始执行

　　D．C语言程序中的main()函数必须放在程序的开始部分

6. 以下说法正确的是（　　　）

    A．INT 和 float 都是 C 语言的保留字

    B．C 语言是汇编语言

    C．C 语言的基本符号集采用 ASCII 码字符集

    D．C 语言标识符名称的长度没有限制，C 语言编译程序都能正确区分它们

7. 以下合法的标识符为（　　　）

    A．3AB   B．A-4   C．while   D．Main

8. 下面合法的标识符是（　　　）

    A．3def   B．char   C．CD*23   D．f3

9. 下面（　　　）是保留字。

    A．int   B．def   C．scanf   D．For

10. C 语言的程序一行写不下时，可以（　　　）

    A．用逗号换行   B．用分号换行

    C．用"\"作为续行符   D．用回车符换行

二．填空题

1. 指出下列标识符中哪些是非法的。

（1）a_Char（2）b22C（3）286pc　　（4）-am　　（5）_7b　　（6）ab#　　（7）Max_1

（8）_Star　（9）*itm　（10）To-2　　（11）for　　（12）"tt"

2. C 程序的执行从_____开始。

3. C 语言源程序文件的扩展名为_____，源程序文件要经过_____和_____之后生成可执行文件才能运行，可执行文件的扩展名为_____。

4. 从程序流程的角度来看，程序可以分为三种基本结构，即_____、_____和_____。

5. 在一个 C 源程序中，注释部分两侧的分界符分别为_____和_____。

6. 函数由_____和_____两部分组成。

7. C 语言程序的语句以_____结束。

8. 函数体以_____开始，以_____结束。函数体由_____和_____两部分组成。

9. 在编辑源程序时，源程序默认的文件名为_____。

模块二 基本数据类型、运算符与表达式

 **基本要求**

1. 掌握基本数据类型的常量、变量的定义与使用；
2. 按格式输入/输出函数；
3. 掌握运算符与表达式；

第一讲 基本数据类型

知识要点

掌握整型、浮点型及字符型数据的常量、变量定义及使用。

知识精讲

C 语言中的数据类型可分为基本数据类型和导出数据类型，基本数据类型包括整型（int）、浮点型（float）、字符型（char）三种。

一、常量和变量

在程序运行过程中，其值不能被改变的量称为常量；常量分为整型常量、实型常量和字符型常量。在程序运行过程中，其值可以改变的量称为变量，每个变量都有一个名字，变量在内存中占据一定的存储单元，在该存储单元中存放变量的值。变量名和变量的值是两个不同的概念。

说明：

（1）变量名的命名应符合 C 语言标识符的命名规则。变量名长度（字符个数）无统一规定，随系统而不同。许多系统取 8 个字符，假如变量名长度超过 8 个字符，则只有前 8 个字符有效。变量名区分大小写。

（2）所有变量必须先定义，后使用。

（3）在一个程序中一个变量只能属于一个类型，不能重复定义。

（4）变量命名遵循见名知义的原则。

二、整型数据

1. 整型常量

C 语言中的整型常量有三种表示形式：

（1）十进制整数：如 58，-78，0 等。

（2）八进制整数：以数字 0 开头的数是八进制数。如 0123 表示八进制数 123，等于 $1*8^2+2*8^1+3*8^0$，即十进制数 83。-011 表示八进制数-11，即十进制数-9。注意：八进制数的基数为 0～7，不允许出现 8 和 9。

（3）十六进制数：以 0x 开头的数是十六进制数。如 0x123 表示十六进制数 123，即十进制数 291，-0x12 等于十进制数 18。注意，十六进制数的基数为数字 0～9 和字母 a～f。

注：在一个整型常量后面加上一个字母 l 或 L，即为一个长整型常量。如-586L，其与整型变量的区别在于用于存储的字节长度不同。

2. 整型变量

整型变量可分为基本整型（int）、短整型（short）、长整型（long）和无符号型（unsigned）四种。无符号型又分为无符号整型（unsigned int）、无符号短整型（unsigned short）、无符号长整型（unsigned long），无符号型变量不能存放负数。

变量在内存中占据一定的存储长度，随存储长度不同，所能表示的数值范围也不同，运行在 IBM-PC 及其兼容机上的整型变量的字节长度和取值范围见下表。

数据类型的字节长度和取值范围

数 据 类 型	字 节 长 度	取 值 范 围
short	2	$-2^{15}～2^{15}-1$（-32768~+32767）
int	2	$-2^{15}～2^{15}-1$（-32768~+32767）
long	4	$-2^{31}～2^{31}-1$
unsigned short	2	$0～2^{16}-1$（0~65535）
unsigned int	2	$0～2^{16}-1$（0~65535）
unsigned long	4	$0～2^{32}-1$

三、浮点型数据

1. 浮点常量

浮点数又称为实数，有两种表示形式：

（1）一般形式：它由数字和小数点组成（注意必须有小数点）。当整数或小数部分是 0 时，可以省略不写，但只能省略其中的一个。3.6、-432.234、0.0 等都是合法的。

（2）指数形式：它由字母 e（或 E）连接两边的数字组成，注意 e（或 E）两边必须有数字，且 e 后面指数必须为整数。前面可以是整数和一般形式的浮点数。如 123e3 代表 123*103。如 2e2.3、3.5E、E8 都是非法的。

2. 浮点变量

浮点型变量分为单精度（float）和双精度（double）两类。如：

float x，y；　　定义 x，y 为单精度浮点数

double a，b；定义 a 和 b 为双精度浮点数

在一般系统中，一个 float 型数据在内存中占四个字节（32 位），一个 double 型数据占 8 个字节。单精度型数据提供 7 位有效数字。

四、字符型数据

1. 字符常量

C 语言中的字符常量是用单引号引起来的一个字符。如'a'，'A'，'$'等都是字符常量。

除了以上形式的字符常量外，C 语言允许使用转义字符，即以一个'\'开头的字符序列，用以表示难以用一般形式表示的字符。例如'\n'表示一个"换行"符。常用的转义字符见下表。

常用的转义字符

字符形式	意　　义	字符形式	意　　义
\n	换行	\f	走纸换页
\t	跳制表域	\\	反斜杠字符
\v	竖向跳格	\'	单引号字符
\b	退格	\r	回车
\ddd	1~3 位 8 进制数所表示的字符	\xdd	1~2 位 16 进制数所表示的字符

表中的最后一行是用 ASCII 码（八进制或十六进制）表示一个字符。如'\101'表示字符'A'，用这种方法可以表示 ASCII 码表中的任意字符。请注意'\0'表示 ASCII 码值为 0 的字符。

2. 字符变量

字符变量用来存放字符型常量，注意只能存放一个字符。字符变量的定义形式如下：

```
char c1, c2;
```

它表示定义了两个字符型变量 c1，c2，各可以存放一个字符。一个字符型变量在内存中占一个字节。

字符类型的数据在内存中以相应的 ASCII 码值存放，所以它的存储形式与整数的存储形式类似，C 语言使字符型数据和整型数据之间可以通用，一个字符数据可以既可以以字符形式输出，也可以以整数形式输出，即字符与它的 ASCII 码值之间可以相互转换。

五、字符串常量

字符串常量是用双引号括起来的字符序列。如"hello"，"bye-bye"，"123.456"等。

注意不要将字符常量与字符串常量混淆。'a'是字符常量，"a"是字符串常量，二者不同。因为 C 语言规定：在每个字符串的结尾加一个"字符串结束"，以便系统判断此字符串是否结束。C 规定以'\0'作为字符串结束标志。'\0'是一个 ASCII 码值为 0 的字符，即"空字符"，它不引起任何控制动作，也不是一个可显示的字符。所以"a"实际上包含 2 个字符：'a'和'\0'，不能将一个字符串值赋给字符型变量，下面的语句：

```
Char         c="a";
```

是错误的。

六、变量赋初值

可在定义变量的同时使变量初始化。如：

```
int a=3;
float f=3.86;
```

如果对几个变量赋以同一个初值，不能写成：

```
int a=b=c=5;
```

而应写成：

```
int a=5, b=5, c=5;
```

典型例题

【例1】 以下正确的C语言常量是（　　）

  A．0796   B．2e2.3   C．'ddd'   D．'\t'

答案： D

解析： 以0开头的整型数是八进制数，它的合法数字是0到7，不能出现8和9；指数形式的浮点型数据中，指数部分必须为整数；单引号括起来的字符常量只能作为一个字符，故A、B、C都是错误的。答案D是一个正确的转义字符。

【例2】 以下数值中最小的是（　　）

  A．74   B．074   C．'\101'   D．'\x43'

答案： B

解析： 以0开头的整型数是八进制数，074转换成十进制数为60。'\101'表示ASCII值为八进制数101的字符，转换成十进制数为65。'\x43'表示ASCII为十六进制数43的字符，转换成十进制为67。

【例3】 下面程序的输出结果是：

```
main()
{printf("xabc\tde\rf\n");
printf("h\ti\b\bjk");
}
```

答案： 程序运行时在屏幕上的输出结果是：

```
fabc    de
hjk
```

解析： 程序中用printf函数直接输出双引号内的各个字符。第一个printf函数先在第一行左端开始输出"xabc"，然后遇到"\t"，它的作用是跳到下一个制表域：第九列（IBM-PC及其兼容机一个制表域为8个字符位），故在第9-11列上输出"de"。下面遇到"\r"，它代表回车（不换行），返回到本行最左端（第一列），输出字符"f"，字符"f"将字符"x"取代，下面是"\n"，作用是换行。下一个printf函数中的"\b"的作用是"退一格"。

【例4】 下面程序的输出是：

```
main()
{char c1, c2;
c1=97;c2=98;
```

```
printf("%c %c\n", c1, c2);
printf("%d %d\n", c1, c2);
}
```

答案：程序的输出结果为：

```
a b
97 98
```

解析：因为 C 语言的字符与它的 ASCII 码值可以相互转换。

【例 5】 下面程序的输出结果是：

```
main()
{char c1, c2;
c1='a';c2='B';
c1=c1-32;c2=c2+32;
printf("%c %c", c1, c2);
}
```

答案：程序的输出结果为：A b

解析：因为字符与 ASCII 码值可以互换，所以字符可以和数字一起进行 +、 - 运算。

巩固练习

一、选择题

1. 如果要把数值 565 存入变量 a 中，a 不可以定义成（　　）类型。

　　A．int 　　　　　　B．char 　　　　　　C．long 　　　　　　D．float

2. 下面（　　）是非法的 C 语言转义字符。

　　A．'\n' 　　　　　　B．'\018' 　　　　　　C．'\xab' 　　　　　　D．'\"'

3. 在 C 语言中，合法的长整型常数是（　　）

　　A．0L 　　　　　　B．8978675 　　　　　　C．2.12345 　　　　　　D．3E+5

4. 下列变量定义中合法的是（　　）

　　A．short　　aL=1234; 　　　　　　B．double　b=1+3e3.5;

　　C．long　for=0xabcL; 　　　　　　D．float　3_abc=2e-3;

5. 下例不正确的 C 语句是（　　）

　　A．++i; 　　　　　　B．a1=（a2=（a3=0））;

　　C．i=k= =j; 　　　　D．z=x+y=1;

6. 下面正确的实型常量为（　　）

　　A．E-15 　　　　　　B．0.0E0 　　　　　　C．7E3.5 　　　　　　D．50E

7. C 语言提供的合法的数据类型关键字是（　　）

　　A．Double 　　　　　　B．short 　　　　　　C．integer 　　　　　　D．Char

8. 语句 printf（"a\bre'\hi\'y\\\bou\n"）;的输出结果是（　　）

　　A．a\bre'\hi\'y\\\bou 　　　　　　B．a\bre'\hi\'y\bou

　　C．re'hi'you 　　　　　　D．abre'hi'y\bou

9. C 语言中合法的字符常量是（　　）

　　A．'\048' 　　　　　　B．'\x78' 　　　　　　C．'abc' 　　　　　　D．"\0"

10. 设有说明语句:char c='\45';则变量 c（   ）

    A. 包含 1 个字符 B. 包含 2 个字符   C. 包含 2 个字符   D. 说明不合法

二、填空题

1. C 语言中，短整型、整型、长整型、双精度型、字符型的类型标识符分别是_____、

_____、long、_____和_____。

2. C 语言中整型常量按进制划分，有以下三种_____、_____和_____。

3. 定义两个 float 型变量 x 和 y，并赋初值为 1 的变量定义语句为_____。

4. C 语言中，数据类型分为基本数据类型和_____,基本数据类型包括_____、

_____、字符型三种。

5. 下列数据哪些是合法的整型常量_____。

（1）0x7a （2）078 （3）6a   （4）57L   （5）'m'   （6）"ab6"

三、写出程序的运行结果

1.

```
main()
{printf("xabc\tde\rf\n");
printf("h\ti\b\bjk");
}
```

结果：_____

2.

```
main()
    {char c1, c2;
    c1=97;c2=98;
printf("%c %c\n", c1, c2);
printf("%d %d\n", c1, c2);
    }
```

结果：_____

3.

```
main()
    {char c1, c2;
    c1='a';c2='B';
    c1=c1-32;c2=c2+32;
printf("%c%c", c1, c2);
    }
```

结果：_____

4.

```
main()
{printf("\\ab\t123\n");
printf("a\101\x41\tb\102\x42");
}
```

结果：_____

第二讲　类型的混合运算

 知识要点

了解类型的混合运算时自动转换和强制转换的原则。

 知识精讲

整型、单精度型、双精度型数据可以混合运算，并且，字符型数据可以与整型数据通用。因此，整型、实型（单、双精度）、字符型数据间可以混合运算。例如：10+'e'+3e2*'c'是合法的。在进行运算时，不同类型的数据要先转换成同一类型，然后进行运算。转换的方法有两种：

自动转换和强制转换。

一、自动转换

1．转换原则

自动转换发生在不同数据类型的量混合运算时，由编译系统自动完成。自动转换遵循两个原则：

（1）低类型转换为高类型。

（2）赋值号右边的类型转换为赋值号左边的类型。

2．一般算术运算

规则如下：

（1）转换按数据长度增加的方向进行，以保证精度不会降低。如 int 型和 long 型运算时，先把 int 量转换成 long 型后再进行运算。即"向高看齐"。类型的高低如下图所示：

$$
\begin{array}{c}
\text{double} \leftarrow \text{float} \\
\uparrow \\
\text{long} \\
\uparrow \\
\text{int} \leftarrow \text{char, short}
\end{array}
$$

（2）所有的浮点运算都是以双精度进行的，即使仅含 float 单精度量运算的表达式，也要先转换成 double 型，再作运算。

（3）char 型和 short 型参与运算时，必须先转换成 int 类型。

例如：10+'e'+3e2*'c'的结果是 double 类型。

3．赋值转换

在赋值运算中，赋值号两边量的数据类型不同时，赋值号右边量的类型将转换为左边量的类型。即"向左看齐"。当把右边的浮点数转换为整数时，丢掉小数部分；把右边的双精度

转换为单精度时，进行四舍五入。

例如：假设有如下的变量定义：

int I，m； float f;   double   d;long e;

有下面的式子：

m=10+'a'+I*f-d/e;

运算次序为：

（1）10+'a'：先将'a'转换成 97，运算结果为 107。

（2）I*f：I 和 f 都转换为 double 型，运算结果为 double 型。

（3）整数 107 与 I*f 的积相加，结果为 double 型，赋值号右边类型为 double 型

（4）赋值号右边的 double 类型数据赋值给整型变量 m，丢掉小数点后部分，结果为整数。

二、强制转换

1．强制转换格式

将一个类型的变量强制转换为另一种类型，叫强制转换。一般形式为：

（类型标识符）表达式

例如：

```
(char)(3+4.56)          /*得到字符数据*/
(int)f1*(int)f2            /*得到整型数*/
(float)5/2  等价于(float)(5)/2      /*将5转换成实型，再除以2(=2.5)*/
(float)(5/2)             /*将5整除2的结果(2)转换成实型(2.0)*/
```

2．使用强制转换时应注意以下问题

（1）类型说明符和表达式都必须加括号（单个变量可以不加括号），如把（int）（x+y）写成（int）x+y 则成了把 x 转换成 int 型之后再与 y 相加了。

（2）无论是强制转换还是自动转换，都只是为了本次运算的需要而对变量的数据长度进行的临时性选择，而不改变数据说明时对该变量定义的类型。例如：

```
main()
{float f=5.75;
printf("(int)f=%d, f=%f\n", (int)f, f);
}
```

输出结果为：（int）f=5，f=5.750000

本例表明，虽强制转为 int 型，但只在运算中起作用，而 f 本身的类型并不改变。因此，（int）f 的值为 5（删去了小数），而 f 的值仍为 5.75。

 典型例题

表达式 3.4+'a'*6 的数据类型是_____。

答案：double

解析：所有的浮点运算都是以双精度进行的，即使仅含有 float 单精度量运算的表达式，也要先转换成 double 型，再作运算。

巩固练习

一、选择题

1. 若有以下类型说明语句

　　char w；int x；float y；double z；

则表达式 w*x+z−y 的结果为（　　　）类型。

　　A．float　　　　　　　B．char　　　　　　　C．int　　　　　　　D．double

2. 以下说法正确的是（　　　）。

　　A．'A'+65 是一个错误的表达式

　　B．C 语言不允许类型的混合运算

　　C．强制类型转换时，类型说明符必须加括号

　　D．（int）a+b 和（int）（a+b）是完全等价的表达式

二、填空题

1. 设变量 f 的数据类型为 float，其值为 2.5，则执行 f=（int）f 后，f 的值为_____。

2. 数据类型混合运算时，要进行同型转换，转换方式分为_____和_____两种。

3. 执行语句 float d;d=10/3;之后，变量 x 的值是_____。

4. 若有以下定义:float a=6.5，b=3.7;int c;则表达式（int）（a+b）的值为_____，表达式（int）a+b 的值为_____，表达式 c=a+b 的值为_____。

5. 经过下述赋值后，变量 x 的数据类型是（　　　）。

int x=2；　　　double y；　　　y=（int）（float）x；

第三讲　运算符与表达式

知识要点

1. 了解表达式、表达式值的概念以及语句和表达式的关系；

2. 掌握算术、关系、逻辑、赋值、条件、++、--等运算符。

知识精讲

一、基本概念

1. 表达式

用运算符和括号将运算对象（常量、变量和函数等）连接起来的，符合 C 语言语法规则的式子，称为表达式。单个常量、变量或函数，可以看作是表达式的一种特例。

2. 表达式的值

按照一定的优先级和结合性对操作数进行表达式中运算符所规定的处理，最终得到的值，称为表达式的值。例如表达式 3+8*2 的值为 19。

3．表达式与语句

一个表达式的后面加一个分号"；"，就成了一条语句。如 a=3 是一个赋值运算，而 a=3; 是一条赋值语句。分号是语句中不可缺少的一部分，它标志着语句的结束。

4．空语句和复合语句

下面是一个空语句：

```
;
```

即只有一个分号的语句，它什么也不做。

复合语句：可以用{　}把一些语句括起来成为一条复合语句。如下面是一条复合语句；{z=x+y;t=z/100;printf（"%f"，t）;}

二、算术运算符

1．算术运算符

C 语言中基本的算术运算符有：+（加），-（减）、*（乘）、/（除）、%（求余数）。

说明：

（1）两个整数相除，结果为整数。

（2）%运算符要求两个操作数均为整数。

（3）*、/和%的优先级高于+、-的优先级。在表达式中它们自左向右结合。

2．算术表达式

用算术运算符和括号将操作数连接起来的，符合语法规则的式子称为算术表达式。例如，'x'+78*5+9%3 是一个合法的算术表达式。

三、关系运算符和关系表达式

1．关系运算符

所谓"关系运算"实际上就是"比较运算"，即将两个数据进行比较，判定两个数据是否符合给定的大小关系。C 语言提供 6 种关系运算符：

<（小于）　　<=（小于或等于）　　　　>（大于）　　　　>=（大于或等于）

==（等于）　!=（不等于）

注意：在 C 语言中，"等于"关系运算符是双等号"＝＝"，而不是单等号"="（赋值运算符）。

优先级：

（1）在关系运算符中，前 4 个优先级相同，后 2 个也相同，且前 4 个高于后 2 个。

（2）与其他种类运算符的优先级关系：关系运算符的优先级，低于算术运算符，但高于赋值运算符。

2．关系表达式

所谓的关系表达式是指用关系运算符将两个表达式连接起来，进行关系运算的式子。

例如，下面的关系表达式都是合法的：

a>b，a+b>c-d，（a=3）<=（b=5），'a'>='b'，（a>b）==（b>c）

3．关系表达式的值——逻辑真与逻辑假（非"真"即"假"）

由于 C 语言没有逻辑型数据，所以用整数"1"表示"逻辑真"，用整数"0"表示"逻辑假"。例如：假设 num1=3，num2=4，num3=5，则：

（1）num1>num2 的值为 0.2

（2）（num1>num2）!=num3 的值为 1。

4．逻辑表达式

所谓逻辑表达式是指用逻辑运算符将 1 个或多个表达式连接起来，进行逻辑运算的式子。在 C 语言中，用逻辑表达式表示多个条件的组合。

例如：假设（year%4）&&（year%100!=0）||（year%400==0）就是一个判断年份是否为闰年的逻辑表达式。

逻辑表达式的值也是一个逻辑值（非"真"即"假"）。

5．逻辑表达式的真假判定——0 和非 0

C 语言中用整数"1"表示"逻辑真"、用"0"表示"逻辑假"。但在判定一个数据的"真"或"假"时，却以 0 和非 0 为根据：如果为 0，则判定为"逻辑假"；如果为非 0，则判定为"逻辑真"。

例如：假设 num=12，则：! num 的值为 0，num>=1&&num<=31 的值为 1，'a'||num>31 的值为 1。

五、赋值和复合赋值运算

1．赋值运算符和赋值表达式

赋值运算符记为"="，由"="连接起来的式子称为赋值表达式。其一般形式为：

```
变量 = 表达式
```

例如：

```
x=a+b
w=sin（a）+sin（b）
```

赋值表达式的功能是计算表达式的值再赋予左边的变量。赋值运算符具有右结合性。因此

```
a=b=c=5
```

可理解为

```
a=（b=（c=5））
```

在 C 语言中把"="定义为运算符，从而组成赋值表达式。赋值表达式的值等于被赋值的变量的值。凡是表达式可以出现的地方均可出现赋值表达式。例如，式子 x=（a=5）+（b=8）是合法的。它的意义是把 5 赋予 a，8 赋予 b，再把 a、b 相加，和赋予 x，故 x 应等于 13。

2．赋值语句

在 C 语言中也可以组成赋值语句，按照 C 语言规定，任何表达式在其末尾加上分号就构成为语句。因此如 x=8;a=b=c=5;都是赋值语句，在前面各例中我们已经大量使用过了。

3．复合赋值运算符及表达式

在赋值运算符"="之前加上其他二目运算符可构成复合赋值运算符。如：

+=，-=，*=，/=，%=。构成复合赋值表达式的一般形式为：

> 变量 双目运算符 =表达式

它等效于

> 变量=变量 运算符 表达式

例如：a+=5 等价于 a=a+5

x*=y+7 等价于 x=x*（y+7）

六、递增（++）、递减（--）运算符

1. 作用

递增运算使单个变量的值增 1，递减运算使单个变量的值减 1。

2. 用法与运算规则

自增、自减运算符都有两种用法：

（1）前置运算——运算符放在变量之前：++变量、--变量

先使变量的值增（或减）1，然后再以变化后的值参与其他运算，即先增减、后运算。

（2）后置运算——运算符放在变量之后：变量++，变量--

变量先参与其他运算，然后再使变量的值增（或减）1，即先运算后增减。

七、条件运算符

1. 一般形式

条件运算符是一种在两个表达式的值中选择一个的操作，这是 C 语言中唯一的一个三目运算符，它的一般形式为：

> 表达式1？表达式2：表达式3；

它的操作为：若表达式 1 为真（非 0），则此条件表达式的值为表达式 2 的值，若表达式 1 为假（0），则表达式取表达式 3 的值。

2. 说明

（1）条件运算符的优先级很低，仅仅高于赋值运算和逗号运算符。

例如：m>n?m:n+1；相当于 m>n?m:（n+1）；而不是（m>n?m:n）+1；

（2）条件运算符的结合方向是自右向左。

（3）表达式 2、表达式 3 的类型可以不同，条件表达式的值的类型为二者中的较高者。

例如：

表达式 y<3?2:1.0 的值应为浮点型，当 y<3 成立时，值为 2.0；而当 y<3 不成立时，值为 1.0。

八、逗号运算符与逗号表达式

C 语言中提供一种用逗号运算符","连接起来的式子，称为逗号表达式。其一般形式为：

> 表达式1，表达式2，表达式3……表达式n

说明：

（1）计算逗号表达式的值时，自左至右，依次计算各表达式的值，最后一个表达式："表达式 n " 的值即为整个逗号表达式的值。

例如：逗号表达式"a=3*5，a*4"的值为 60。

（2）并不是任何地方出现的逗号都是逗号运算符。很多情况下，逗号仅用作分隔符。

九、求字节数运算（sizeof）

sizeof 运算符给出指定类型在内存中所占的字节数。

十、负值运算符

负值运算符（−）的功能是使操作数变为负值，它是一个单目运算符。一般形式为：

```
-操作数
```

十一、运算符的优先级与结合性

下表 2-3 列出了 C 语言中常用运算符的优先级与结合性规则，上一行中的运算符优先级高于下一行，同一行的运算符具有相同的优先级。优先级相同的运算符，按结合性规则运算。

运算符的优先级与结合性

优 先 级	运 算 符	分 类	结 合 性
1	( )		从左至右
2	! ++ -- - sizeof	单目运算符	从右至左
3	* / %	双目运算符	从左至右
4	+ -		
5	> >= < <=		
6	== !=		
7	&&		
8	‖		
9	? :	条件运算符	从右至左
10	= += -= *= /= %=	赋值运算符	从右至左
11	,	逗号运算符	从左至右

典型例题

【例 1】写出下面程序的运行结果。

```
main()
{int x=6, y;
    printf("x=%d\n", x);
    y=++x;
    printf("x=%d, y=%d\n", x, y);
    y=x--;
    printf("x=%d, y=%d\n", x, y);
}
```

答案：程序运行结果：

```
x=6
x=7，y=7
x=6，y=7
```

解析：该题为自增、自减运算的使用，按照前置运算和后置运算的规则进行运算。

思考：如果将"y=++x;"语句中的前置运算改为后置运算"y=x++;"，"y=x--;"语句中的后置运算改为前置"y=--x;"，程序运行结果会如何？

注：自增、自减运算符，不能用于常量和表达式。

【例2】写出计算 a+|b|的值的 C 语言程序。

解析：本题是典型的利用条件运算的例子。

答案：

```
main()
{
float a, b, c;
    scanf("%f%f", &a, &b);
    c=b>0?b:-b;
printf("%f\n", a+c);
}
```

【例3】写出以下程序的运行结果。

```
main()
{
    int m;float f;
    printf("%d  %d\n", sizeof(m), sizeof(f));
    printf("%d  %d\n", sizeof(short), sizeof(double));
}
```

答案：在 IBM-PC 兼容机上，上面程序的运行结果为：

```
2  4
2  8
```

解析：sizeof()运算符指出变量或数据类型，在内存中的字节数，根据各类型的存储空间可以得出结论。

巩固练习

一、选择题

1. 设 x=1，y=2，z=3，w=4，则表达式 x<y?x:z<w?x:w 的结果为（　　　）

    A. 4   B. 3   C. 2   D. 1

2. 能正确表示 x 和 y 同时为正或同时为负的逻辑表达式是（　　　）

    A.（x>=0||y>=0）&&（x<0||y<0）   B.（x>=0&&y>=0）&&（x<0&&y<0）

    C.（x+y>0）&&（x+y<=0）   D. x*y>0

3. 若 a 和 b 都是 int 型变量，a=100，b=200，且有下面的程序段：

```
printf("%d", (a, b));
```

则程序输出结果是（　　　）

    A. 200   B. 100

    C. 100 200   D. 输出格式符不够，输出不确定的值

4. 设 int a=2；表达式（a>2）/（a>1）的值是（　　　）

    A. 0   B. 2   C. 4   D. 8

5．以下程序的输出结果是（   ）

```
main()
{int a=10, b=10;
printf("%d  %d\n", --a, ++b);
}
```

    A．10 10   B．9 9   C．9 10   D．9 11

6．设 x 和 y 都是 int 型变量，则执行表达式 x=（y=2，z=4，k=8）后，x 的值为（   ）

    A．2   B．4   C．8   D．14

7．设 a=5，b=6，c=7，d=8，m=2，n=2，执行（m=a>b）||（n=c>d）后 n 的值为（   ）

    A．1   B．2   C．3   D．0

8．设 x 为 int 型变量，执行下面程序后，x 的值为（   ）

```
x=5;x+=x-=x-x;
```

    A．5   B．10   C．20   D．15

9．若有语句

```
int I=5;
I++;
```

此处表达式 I++ 的值为（   ）

    A．7   B．6   C．5   D．4

10．设 ch 是 char 型变量，其值为'A'，且有下面的表达式

```
ch=(ch>='A'&&ch<='Z')?(ch+32):ch
```

上面表达式的的值为（   ）

    A．'A'   B．'a'   C．'Z'   D．'z'

11．能正确表示 x<=0 或 x>=10 的关系的语句是（   ）

    A．x>=10 or x<=10   B．x>=10|x<=10

    C．x>=10||x<=0   D．x>=10&&x<=0

12．设 int a=1，b=1；表达式（!a||b--）的值为（   ）

    A．0   B．1   C．2   D．-1

13．设 a 和 b 为 int 型变量，表达式 a+=b;b=a-b;a-=b;的功能是（   ）

    A．把 a 和 b 按从小到大排列   B．把 a 和 b 按从大到小排列

    C．无确定结果   D．交换 a 和 b 的值

14．下面程序的输出结果是（   ）

```
main()
{
int x=010;
printf("%d\n", --x);
}
```

    A．8   B．7   C．10   D．11

15．下面表达式（   ）的值为3。

    A．8/3   B．8.0/3   C．（float）8/3   D．（int）（8.0/3+0.5）

16. 下面（　　）是正确的表达式。

    A．a+b=5　　　　　　B．56=a11　　　　　　C．5.6+6.2%3.1　　　D．a=5，b=5，c=7

17. 已知 a 为整型变量，与表达式 a!=0 真假情况不同的表达式是（　　）

    A．a>0||a<0　　　　　B．a　　　　　　　　C．!a==0　　　　　　D．!a

18. 表示关系 A≤B≤C 的 C 语言表达式是（　　）

    A．（A<=B）&&（B<=C）　　　　　　　B．（A<=B）AND（B<=C）

    C．（A<=B<=C）　　　　　　　　　　　D．（A<=B）&（B<=C）

19. 若已定义 x 和 y 为 double 型，则表达式：x=1，y=x+3/2 的值是（　　）

    A．1　　　　　　　　B．2　　　　　　　　C．2.0　　　　　　　D．2.5

20. 表达式 5!=4 的值是（　　）

    A．true　　　　　　　B．非零值　　　　　　C．0　　　　　　　　D．1

21. 设 a 为整型变量，不能正确表达数学关系：10<a<15 的 C 语言表达式是（　　）

    A．10<a<15　　　　　　　　　　　　　B．a= =11||a= =12|| a= =13|| a= =14

    C．a>10&&a<15　　　　　　　　　　　D．!（a<=10）&&!（a>=15）

22. 若 t 为 double 类型，表达式 t=1，t+5，t++的值就是（　　）

    A．1　　　　　　　　B．6.0　　　　　　　C．2.0　　　　　　　D．1.0

23. 若有以下说明和语句：（　　）

```
int x=3;
x*=1+2;
```

此处 x*=2+3 的值是

    A．5　　　　　　　　B．9　　　　　　　　C．3　　　　　　　　D．表达式错误

24. 设 int a=6，则执行完语句 a+=a-=a*a 后，a 的值是（　　）

    A．120　　　　　　　B．60　　　　　　　　C．36　　　　　　　　D．-60

25. 下面选项中，不正确的赋值语句是（　　）

    A．++t;　　　　　　　　　　　　　　　B．n1=（n2=（n3=9））;

    C．k=m=j;　　　　　　　　　　　　　　D．a=b+c=1;

26. 设有以下定义：

```
int x=10，y=3，z;
```

则语句

```
printf("%d\n"，z=(x%y，x/y));
```

的输出结果是（　　）

    A．1　　　　　　　　B．0　　　　　　　　C．4　　　　　　　　D．3

27. 以下程序的输出结果是（　　）

```
main()
{
int x=10，y=10;
printf("%d  %d\n"，x--，y--);
}
```

    A．10　10　　　　　　B．9　9　　　　　　　C．9　10　　　　　　D．10　9

28. 在 C 语言中，如果下面的变量都是 int 类型，则输出结果是（　　　）

```
sum=pad=5;
pad=sum++, pad++, ++pad;
printf("%d\n", pad);
```

　　A. 7　　　　　　　B. 6　　　　　　　C. 5　　　　　　　D. 4

29. 以下程序的输出结果是（　　　）

```
#include "stdio. H"
main()
{int  i=010, j=10;
printf("%d, %d\n", ++i, j--);
}
```

　　A. 11，10　　　　　B. 9，10　　　　　C. 010，9　　　　　D. 10，9

30. 语句:printf（"%d\n", 12&&012）;的输出结果是（　　　）

　　A. 12　　　　　　　B. 1　　　　　　　C. 6　　　　　　　D. 012

二、填空题

1. 当 a=3，b=4，c=5 时，表达式 a+b>c||b<c&&b==c 的值为＿＿＿＿＿，表达式（a+b>c||b<c)&&b==c 的值为＿＿＿＿＿，表达式!（a-b）||c++的值为＿＿＿＿。

2. 若 x=6，执行语句 y=x>=0?1:-1; 后，变量 y 的值为＿＿＿＿＿。

3. 定义 x=10，y，z; 执行 y=z=x; x=y==z; 后，变量 x 的值为＿＿＿＿＿．。

4. 表达式 3*4%-6/5 的值为＿＿＿＿＿，（float）（7+6)/2 的值为＿＿＿＿＿。

5. 以下程序的输出结果是＿＿＿＿＿＿。

```
main()
{
short x=18, y=7;
printf("%d\n", y=x/y);
}
```

6. $98+[x^2+a-（x/y）]^3$ 的 C 语句形式为＿＿＿＿＿，$3x^4+4y^n-1$ 的 C 语句形式为＿＿＿＿＿＿＿＿。

7. 表达式（a=3*5，a*4），a+5 的值为＿＿＿＿＿＿＿。

8. 每个关系表达式有一个值，这个值可以是"真"或"假"，在 C 语言中，"真"用＿＿＿＿＿表示，"假"用＿＿＿＿＿表示。

三、写出下面程序的运行结果

1.

```
main()
{
    int i=10;
    printf("%d\n", ++i);
    printf("%d\n", --i);
    printf("%d\n", i++);
    printf("%d\n", i--);
```

```
    printf("%d\n", -i++);
    printf("%d\n", -i--);
}
```

程序运行结果：_____

2.

```
main()
{
    int a=2, b=4, c=6, x, y;
    y=((x=a+b), (b+c));
    printf("y=%d, x=%d", y, x);
}
```

程序运行结果：_____

3.

```
main()
{
    char c='k';
    int i=1, j=2, k=3;
    float x=3e+5, y=0.85;
    printf("%d, %d\n", !x*!y, !x);
    printf( "%d, %d\n", x||i&&j-3, i<j&&x<y);
    printf("%d, %d\n", i= =5&&c&&(j=8), x+y||i+j+k);
}
```

程序运行结果：_____

4.

```
main()
{
    char ch;
    scanf("%c", &ch);
    ch=(ch>='A'&&ch<='Z')?(ch+32):ch;
    printf("ch=%c\n", ch);
}
```

设输入字母 G

程序运行结果：_____

5.

```
main()
{
    int a=100;
    a+=a;
    printf("%d\n", a);
    a*=2;
    printf("%d\n", a);
    a--;
    printf("%d\n", a);
    a%=100;
    printf("%d\n", a);
}
```

程序运行结果：_____

四、编写程序

1. 输入两个整数，计算两数之和。

2. 输入一个半径，求出它所对应的圆的面积。

模块三

数据的输入/输出

 基本要求

1. 掌握按格式输入/输出函数的使用；
2. 了解标准字符输入/输出函数的使用。

第一讲　标准字符输入/输出函数

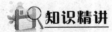 知识要点

1. 掌握 getchar()、putchar()函数的使用；
2. 掌握 gets()、puts()函数的使用。

知识精讲

C 语言的输入/输出由函数来实现。它提供了多种输入/输出函数。标准 I/O 函数库中有一些公用的信息写在头文件 stdio.h 中，因此要使用标准 I/O 函数库中的 I/O 函数时，一般应在程序开头写下面的语句：

```
#include  "stdio. h" 或 #include <stdio. h>
```

一、标准字符输入函数 getchar()

getchar()函数从键盘上读入一个字符，getchar()函数等待输入直到按回车才结束，回车前的所有输入字符都会逐个显示在屏幕上。但只有第一个字符作为函数的返回值。

getchar()函数的调用格式为：

```
getchar();
```

例如：

```
#include <stdio. h>
main()
{ char c;
c=getchar(); /*从键盘读入字符直到回车结束*/
printf("%c\n", c);              /*显示输入的第一个字符*/
}
```

二、标准字符输出函数 putchar()

putchar()函数是向标准输出设备输出一个字符，其调用格式为：

```
putchar(ch);
```

其中 ch 为一个字符变量或常量。

putchar(ch)函数的作用等同于

```
printf("%c",ch);
```

例如：

```
#include<stdio.h>
main()
{char c;       /*定义字符变量*/
c='B';         /*给字符变量赋值*/
putchar (c);                    /*输出该字符*
putchar('B');                   /*输出字母B*/
putchar('0x42');                /*输出字母B*/
putchar('\n');                  /*输出换行符*/
}
```

三、puts()函数

puts()函数用来向标准输出设备（屏幕）写字符串并换行，其调用格式为：

```
puts(s);
```

其中 s 为字符串变量（字符串数组名或字符串指针）或字符串常量。

注：C 语言中有字符串常量，但是没有字符串变量，可以定义一个字符型数组或字符型指针变量存储字符串。字符型数组可按下列形式说明：

```
char                str[6];
```

字符型指针可按下列形式定义：

```
char                *a;
```

例如：

```
main()
{char s[20]="Hello",*f;         /*定义字符串数组和指针变量*/
f="Thank you";                  /*字符串指针变量赋值*/
puts(s);
puts(f);
}
```

说明：

（1）puts()函数只能输出字符串，不能输出数值或进行格式变换。

（2）可以利用 puts()函数输出字符串常量。如：

```
puts("Hello, Turbo C2.0");
```

四、gets()函数

gets()函数用来从标准输入设备（键盘）读取字符串直到回车结束，但回车符不属于这个字符串。其调用格式为：

```
gets();
```

其中 s 为字符串数组名或字符串指针变量。

gets(s)函数与 scanf(" %s " , &s)相似，但不完全相同，使用 scanf(" %s " , &s)函数输入字符串时存在一个问题，就是如果输入了空格会认为输入字符串结束，空格后的字符将作为下一输入项处理，但 gets()函数将接收输入的整个字符串直到回车为止。

例如：

```
main()
{ char s[20];
printf( " What's your name?\n " );
gets(s);              /*等待输入字符串直到回车结束*/
puts(s);              /*将输入的字符串输出*/
}
```

典型例题

【例】写出下面程序的作用。

```
#include<stdio. h>
main()
{
putchar(getchar());
}
```

答案： 从键盘输入一个字符，并将其原样输出。

解析： getchar()从键盘输入一个字符，putchar()直接将其输出。

巩固练习

一、写出下面程序的运行结果

```
#include<stdio. h>
main()
{ char c;
printf( " input a digital \n " );
c=getchar();
printf( " %d\n " , c-48);
}
```

若输入为 8

程序运行结果：＿＿＿＿＿＿＿＿＿＿＿＿＿＿＿

二、编写程序

1. 从键盘输入两个字符，输出其中较大者。

2. 输入一个小写字符，转换为大写后输出。

第二讲　按格式输入/输出函数

知识要点

掌握 printf()、scanf()函数的基本使用。

知识精讲

一、按格式输出函数 printf()

1. 函数格式

printf()函数是格式化输出函数，一般用于向标准输出设备按规定格式输出信息。printf()函数的调用格式为：

```
printf("<格式化字符串>", <参量表>);
```

其中格式化字符串包括两部分内容：一部分是普通字符，这些字符将按原样输出；另一部分是格式字符，以"%"开始，后跟一个或几个规定字符，用来确定输出内容格式。参量表是需要输出的一系列参数，其个数必须与格式字符所说的输出参数个数一样多，各参数之间用"，"分开，且顺序一一对应，否则将会出现意想不到的错误。

2. 常用格式字符

Turbo C2.0 提供的格式字符如下：

符号	作用
%d	十进制有符号整数
%u	十进制无符号整数
%f	浮点数
%s	字符串
%c	单个字符
%e	指数形式的浮点数
%x，%X	无符号以十六进制表示的整数
%o	无符号以八进制表示的整数
%g	自动选择合适的表示法

说明：

（1）可以在"%"和字母之间插进数字表示列宽。

例如：%3d 表示输出 3 位整型数，不够 3 位右对齐。

%9.2f 表示输出列宽为 9 的浮点数，其中小数位为 2，整数位为 6，小数点占一位，不够 9 位右对齐。

另外，若想在输出值前加一些 0，就应在格式符前加个 0。

例如：%04d 表示在输出一个小于 4 位的数值时，将在前面补 0 使其总宽度为 4。

（2）可以在"%"和字母之间加小写字母 1，表示输出的是长型数。

%1f 表示输出 double 浮点数。

（3）可以控制输出左对齐或右对齐。在 " % " 和字母之间加入一个 " - " 号，可使输出为左对齐，否则为右对齐。如： %-7d 表示输出 7 位整数左对齐。

例如：

```
main()
{
    char c;   int a=1234;
    float f=3.141592653589;
    c='\x41';
printf("a=%d\n", a);            /*结果输出十进制整数a=1234*/
printf("a=%6d\n", a);           /*结果输出6位十进制数a=  1234*/
printf("a=%06d\n", a);          /*结果输出6位十进制数a=001234*/
printf("a=%2d\n", a);           /*a超过2位，按实际值输出a=1234*/
printf("f=%f\n", f);            /*输出浮点数f=3.141593*/
printf("f=6.4\n", f);           /*输出6位其中小数点后4位的浮点数f=3.1416*/
printf("c=%c\n", c);            /*输出字符c=A*/
printf("c=%x\n", c);            /*输出字符的ASCII码值c=41*/
}
```

二、格式化输入函数 scanf()

1．函数格式

scanf()函数是格式化输入函数，它从标准输入设备（键盘）读取输入的信息。其调用格式为：

```
scanf("<格式化字符串>", <地址表>);
```

2．格式字符串说明

格式化字符串包括以下三数不同的字符：

（1）格式字符：格式字符与 printf()函数中的格式字符基本相同。

（2）空白字符：空白字符会使 scanf()函数在读操作中略去输入中的一个或多个空白字符。

（3）非空白字符：一个非空白字符会使 scanf()函数在读入时剔除掉与这个非空白字符相同的字符。

3．地址表

地址表是需要读入的所有变量的地址，而不是变量本身。这与 printf()函数完全不同，要特别注意。

说明：

（1）各个变量的地址之间用","分开。

例如：

```
main()
{
int I, j;
printf("I, j=?\n");
scanf("%d, %d", &I, &j);
}
```

上例中的 scanf()函数先读一个整型数赋值给变量 I，然后输入逗号，再读入另一个整型数赋值给变量 j。

（2）可以在 "％" 和格式字符之间加入一个整数，表示任何读操作中的位数。

例如：

```
main()
{
    char c1, c2;
int m;  float f;
scanf("%c%c%2d%3f", &c1, &c2, &m, &f);
printf("c1  is %c, c2 is %c, m  is %d  f  is  %f\n", c1, c2, m, f);
}
```

若输入为 1234567，则输出为：

答案：

c1 is 1，c2 is 2，m is　　　　　　34，f is 567.000000

（3）若格式转换控制字符之间没有非空白字符，例如：

```
scanf("%d%d", &x, &y);
```

则在输入时，要在两个数据之间输入一个或多个空格，或输入回车，或按 Tab 键分隔数据。

巩固练习

一、选择题

1．下面程序的输出结果是（　　　）

```
main()
{int k=11;
printf("k=%d, k=%o, k=%x\n", k, k, k);}
```

  A．k=11，k=12，k=11　　　　　　 B．k=11，k=13，k=13

  C．k=11，k=13，k=0xb　　　　　　 D．k=11，k=13，k=b

2．下面程序的输出结果是（　　　）

```
main()
{int x='f';printf("%c\n", 'A'+(x-'a'+1));}
```

  A．G　　　　　　B．H　　　　　　C．I　　　　　　D．J

3．下面程序的输出结果是（　　　）

```
unsigned  int i=65535;printf("%d\n", i);
```

  A．65536　　　　　　　　　　B．0

  C．有语法错误，无输出结果　　　　　　D．−1

4．设 i 是 int 型变量，f 是 float 型变量，用下面的语句给这两个变量输入值：

```
scanf("i=%d, f=%f", &I, &f);
```

为了把 100 和 765.12 分别输入给 i 和 f，正确的输入为（　　　）

  A．100<空格>765.12<回车>　　　　　　B．i=100，f=765.12<回车>

  C．100<回车>765.12<回车>　　　　　　D．x=100<回车>，y=765.12<回车>

5. 该程序执行后，屏幕上显示（　　　）

```
main()
{
int a;
float b;
a=4;
b=9.5;
printf("a=%d, b=%4.2f\n", a, b);
}
```

A. a=%d, b=%f\n　　　　　　　　B. a=%d, b=%f

C. a=4, b=9.50　　　　　　　　　D. a=4, b=9.5

6. 若有以下定义和语句：

```
char c1='b', c2='e';
printf("%d, %c\n", c2-c1, c2-'a'+'A')
```

则输出结果是（　　　）

A. 2, M　　　　　B. 3, E　　　　　C. 2, e　　　　　D. 输出结果不确定

7. 下列程序执行后的输出结果是（　　　）

```
main()
{long x=0xFFFF;
printf("%ld\n", x--);}
```

A. -32767　　　　　B. 65535　　　　　C. -1　　　　　D. -32768

8. 执行下列程序时输入：123<空格>456<空格>789<回车>，输出结果是（　　　）

```
main()
{char s[100];
int c, I;
scanf("%c", &c);
scanf("%d", &i);
scanf("%s", s)
printf("%c, %d, %s\n", c, I, s);
}
```

A. 123, 456, 789　　　　　　　　B. 1, 456, 789

C. 1, 23, 456, 789　　　　　　　D. 1, 23, 456

9. 若 k 为 int 变量，则以下语句的输出结果为（　　　）

```
k=8576;
printf("|%-06d|\n", k);
```

A. 输出格式描述符不合法　　　　B. 输出为|008567|

C. 输出为|8567　　|　　　　　　　D. 输出为|-08567|

10. 现有如下程序：

```
#include<stdio. H>
main()
{
printf("%d", null);
```

```
        }
```

程序的输出结果是（　　）

  A．0   B．变量无定义   C．-1   D．1

11. 若 int 类型数据占两个字节，则以下语句的输出为（　　）

```
int k=-1
printf("%d, %u\n", k, k);
```

  A．-1，-1   B．-1，32767   C．-1，32768   D．-1，65535

12. 设已定义 k 为 int 类型变量。

```
K=-8567;
printf("|%06D|\n", k);
```

则以上语句的输出结果为（　　）

  A．输出为|%6D| B．输出为|0-8567|

  C．格式描述符不合法，输出无定值   D．输出为|-8567|

二、写出下面程序的运行结果

1.

```
main()
{
int a=15;
float b=138.3576278;
char d=65;
printf("a=%d, %5d, %o, %x\n", a, a, a, a);
printf("b=%f, %.4f\n", b, b);
printf("d=%c, %8c\n", d, d);
}
```

程序的运行结果：_____

2.

```
main()
{int a=011, b=11, c=0x11;
printf("a=%d, b=%d, c=%d\n", a, b, c);
printf("a=%o, b=%o, c=%o\n", a, b, c);
printf("a=%x, b=%x, c=%x\n", a, c, b);
}
```

程序的运行结果：_____

三、编程

1. 从键盘上输入学生的三门课的成绩，求其总成绩和平均成绩。

2. 输入一个华氏温度 F，将它转换为摄氏温度 C，转换公式为 $C=5/9*（F-32）$。

模块四

流程控制语句

基本要求

1. 掌握分支语句的基本格式及用法；
2. 掌握循环结构程序的分析和设计。

第一讲　分支语句

知识要点

1. 掌握 if 语句的三种形式，能进行二路分支的程序设计；
2. 掌握 switch 语句的使用，能进行多路分支的程序分析。

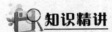**知识精讲**

一、条件选择语句 if

用 if 语句可以构成分支语句。它根据给定的条件进行判断，以决定执行某个分支程序段。C 语言的 if 语句有三种基本形式。

1. 基本形式

```
if(表达式)
语句；
```

其语义是：如果表达式的值为非 0，则执行其后的语句，否则不执行该语句。

【例】输入两个整数，输出其中的最大数。

```
main()
{
int a, b, max;
scanf("%d%d", &a. &b);
max=a;
if(max<b)max=b;
printf("max=%d\n", max);
}
```

本例程序中，输入两个数 a，b。把 a 先赋予变量 max，再用 if 语句判别 max 和 b 的大小，如 max 小于 b，则把 b 赋予 max。因此 max 中总是大数，最后输出 max 的值。

2．if-else 形式

```
if(表达式)
语句1；
else
语句2；
```

其语义是：如果表达式的值为真，则执行语句 1，否则执行语句 2。

【例】上例中求两个数较大的数可编写程序为：

```
main()
{ int a, b, max;
scanf("%d%d", &a. &b);
if(a>b)
printf("max=%d\n", a);
else
printf("max=%d\n", b);
}
```

上例中，改由 if-else 语句判别 a，b 的大小，若 a 大，则输出 a，否则输出 b。

3．if-else-if 形式

前两种形式的 if 语句一般都用于两个分支的情况。当有多个分支选择时，可采用 if-else-if 形式，其一般形式为：

```
if(表达式1)语句1；
else if (表达式2) 语句2；
else if (表达式3 语句3；
……
else if (表达式m) 语句m；
else 语句n；
```

其语义是：依次判断表达式的值，当出现某个值为非 0 时，则执行其对应的语句。然后跳到整个 if 语句之外继续执行程序。如果所有的表达式均为假，则执行语句 n。然后继续执行后续程序。

【例】判别键盘输入的字符的类别：判断输入的字符是数字字符、大小字母、小写字母或其他字符。

```
#include"stdio. h"
main()
{
char c;
printf("input a character:");
c=getchar();
if(c>='0'&&c<='9')
printf("this is a digit\n", );
else if (c>='A'&&c<='Z')
printf("This is a capital letter\n", );
```

```
else if (c>='a'&&c<='z')
printf("This is a small letter\n", );
else
printf("This is an other character");
}
```

说明：

（1）if 语句中的"表达式"必须用"（"和"）"括起来。

（2）if 后面的"表达式"，除常见的关系表达式或逻辑表达式外，也允许是其他类型的数据，如整型、实型、字符型等。

（3）else 子句（可选）是 if 语句的一部分，必须与 if 配对使用，不能单独使用。

（4）if 和 else 下面的语句，可以只包含一个简单语句，也可以是复合语句。

（5）if、else 的嵌套结构中，else 与它前面离它最近的尚未匹配的 if 匹配。

二、开关语句 switch

C 语言中提供了 switch 语句直接处理多分支选择。

1．switch 语句的一般形式

```
switch(表达式)
{case 常量表达式1: 语句1;
case 常量表达式2: 语句2;
……
case 常量表达式n: 语句n;
default: 语句n+1;
}
```

其语义是：计算表达式的值，并逐个与其后的常量表达式值比较，当表达式的值与某个常量表达式的值相等时，即执行其后的语句，然后不再进行判断，继续执行后面所有 case 后的语句。如表达式的值与所有 case 后的常量表达式均不相同时，则执行 default 后的语句。

2．语句用法说明

（1）switch 后面的"表达式"，可以是 int，char 和枚举型中的一种。

（2）每个 case 后面"常量表达式"的值，必须各不相同，否则会出现相互矛盾的现象（即对表达式的同一值，有两种或两种以上的执行方案）。

（3）case 后面的常量表达式仅起语句标号作用，并不进行条件判断。系统一旦找到入口标号，就从此标号开始执行，不再进行标号判断，所以必要时可以加上 break 语句，以便结束 switch 语句。

典型例题

请写出下列程序的功能，若输入 5，输出什么结果？

```
main()
{
int a;
printf("input integet number", );
scanf("%d", &a);
```

```
switch(a){
case 1:{printf("Monday\n", ); break;}
case 2: {printf("Tuesday\n", ); break;}
case 3:{printf("Wednesday\n", ); break;}
case 4:{printf("Thurday\n", ); break;}
case 5:{printf("Friday\n", ); break;}
case 6:{printf("Saturday\n", ); break;}
case7:{printf("Sunday\n", ); break;}
default: printf("error\n", );
}
}
```

答案：输入一个数字，输出对应星期几的英文单词，输出结果：Friday

解析：本程序是要求输入一个数字，输出对应星期几的英文单词。在每一 case 语句之后增加 break 语句，使每一次执行之后均可跳出 switch 语句，程序运行时输入 5，执行 5 后面的语句，因此输出结果为 Friday。

 **巩固练习**

一、选择题

1. 以下程序的输出结果是（　　　）

```
main()
{int m=5;
if(m++>5) printf("%d\n", m);
else printf("%d\n", m--);
}
```

A. 7　　　　　　B. 6　　　　　　C. 5　　　　　　D. 4

2. 两次运行下面程序，若输入分别为 6 和 4，则输出结果是（　　　）

```
main()
{
int x;
scanf("%d", &x);
if(++x>5) printf("%d", x);
}
```

A. 7　　　　　　B. 6　　　　　　C. 7 和 5　　　　D. 6 和 4

3. 若 k 是 int 型变量，且有下面的程序段：

```
k=-1;
if(k<=0) printf("####");
else printf("&&&&");
```

上面程序的输出结果是（　　　）

A. ####　　　　　　　　　　　　B. &&&&

C. ####&&&&　　　　　　　　　D. 有语法错误，无输出结果

4. 若执行程序时，从键盘上输入3和4，其输出结果是（   ）

```
main()
{int a, b, s;
scanf("%d%d", &a, &b);
s=a;
if(a<b) s=b;
s*=s;
printf("%d\n", s);  }
```

A. 14   B. 16   C. 18   D. 20

5. 若有以下定义：

```
float x;inta, b;
```

则正确的 switch 语句是（   ）

A.
```
switch(x)
{case 1.0:printf("*\n");
case 2.0:printf("*\n", );}
```

B.
```
switch(x)
    {case   1.0: printf("*\n");
case 3:printf("*\n", );}
```

C.
```
switch(a+b)
{case 1:printf("*\n");
case 2+1:printf("*\n", );}
```

D.
```
switch(a+b)
{case   1: printf("*\n");
case 2-1:printf("*\n", );}
```

6. 下面的程序是（   ）

```
main()
{int x=3, y=0, z=0;
if(x=y+z)  printf("1111");
else printf("2222" );
}
```

A. 有语法错误不能通过编译

B. 输出 1111

C. 可能通过编译，但是不能通过连接，因而不能运行

D. 输出 2222

7. 与 y=（x>0?1:x<0?-1:0）；的功能相同的 if 语句是（   ）

A.
```
if（x>0）y=1;
else if(x<0)y=-1;
else y=0;
else y=0;
```

B.
```
if（x）
if(x>0)y=1;
else if(x<0)y=-1;
```

C.
```
y=-1;
if(x)
if(x>0)y=1;
else if(x= =0)y=0;
else y=-1;
```

D.
```
y=0;
if(x>=0)
if(x>0)y=1;
else y=-1;
```

8. 有如下程序：

```
main()
{int x=1, a=0, b=0;
switch(x){
case 0:  b++;
case 1:  a++;
case 2:  a++;b++
}
printf("a=%d, b=%d\n", a, b);
}
```

该程序的输出结果是（　　　）

A．a=2，b=1　　　　B．a=1，b=1　　　　C．a=1，b=0　　　　D．a=2，b=2

9. 若变量 c 为 char 类型，能正确判断出 c 为小写字母的表达式是（　　　）

A．'a'<=c<='z'　　　　　　　　　　B．（c>='a'）‖（c<='z'）

C．（'a'<=c）and（'z'>=c）　　　　D．（c>='a'）&&（c<='z'）

二、写出下面程序的运行结果

1.

```
main()
{char c='2';
switch(n)
{case '1':printf("111");
 case '2':printf("222");
 case '3':printf("333");
 }
 }
```

程序的运行结果：_____

2. 计算器程序。用户输入运算数和四则运算符，输出计算结果。

```
main(){
float a, b, s;
char c;
printf("input expression:a+(-, *, /)b\n");
scanf("%f%c%f", &a, &c, &b);
switch(c){
case'+':printf("%f\n", a+b);break;
case'-':printf("%f\n", a-b);break;
case'*':printf("%f\n", a*b);break;
case'/':printf("%f\n", a/b);break;
default:printf("input error\n");
}
}
```

若输入为"23+78"

程序的运行结果：_____

3.
```
main(){
int a, b;
printf("please input A, B: ");
scanf("%d%d", &a, &b);
if(a!=b)
if(a>b)pirintf("A>B\n");
else printf("A<B\n");
else printf("A=B\n");
}
```
若输入 20 10

程序运行结果：

三、编写程序

1. 输入任意三个数 num1、num2、num3，按从小到大的顺序排序输出。

2. 编写一程序，从键盘上输入一个年份 year（4 位十进制数），判断其是否闰年。闰年的条件是：能被 4 整除、但不能被 100 整除，或者能被 400 整除。

第二讲　循环语句

知识要点

1. 掌握 for、while、do-while 三个循环语句；
2. 掌握 break、continue 语句；
3. 掌握循环结构程序的分析和设计。

知识精讲

在 C 语言中，可用以下语句实现循环：

（1）for 语句；

（2）while 语句；

（3）do-while 语句。

一、for 循环

1. for 语句的一般格式

for（变量赋初值；循环继续条件；循环变量增值）
循环体语句

2．for 语句的执行过程

（1）执行"变量赋初值"表达式。

（2）执行"循环继续条件"表达式。如果其值非 0，执行（3）；否则，转至（4）。

（3）执行循环体语句，再执行"循环变量增值"表达式，然后转向（2）。

（4）结束循环，执行 for 语句的下一条语句。

3．说明

（1）"变量赋初值"、"循环继续条件"和"循环变量增值"部分均可缺省，甚至全部缺省，但其间的分号不能省略。

（2）循环体语句可以是一条简单语句，也可以是复合语句。

（3）"循环继续条件"部分是一个逻辑量，除一般的关系（或逻辑）表达式外，也允许是数值（或字符）表达式。

【例 1】求 1～100 的累计和。

```
main()
{int i, sum=0                    /*将累加器sum初始化为0*/
for(i=1;i<=100;i++)   sum +=1;   /*实现累加*/
printf("sum=%d\n", sum);
}
```

【例 2】求 Fibonacci 数列的前 40 个数。该数列的生成方法为：F1=1，F2=1，Fn=Fn-1+Fn-2（n>=3），即从第 3 个数开始，每个数等于前 2 个数之和。

```
main()
{long int f1=1, f2=1;            /*定义并初始化数列的头2个数*/
int i=1;                         /*定义并初始化循环控制变量i*/
for(;i<=20;i++)                  /*1组2个，20组40个数*/
{printf("%151d%151d", f1, f2);   /*输出当前的2个数*/
f1+=f2;f2+=f1;                   /*计算下2个数*/
}
```

二、while 语句

1．while 语句的一般格式

```
while（循环继续条件）
循环体语句
```

2．while 语句的执行过程

（1）执行"循环继续条件"表达式。如果其值为非 0，转（2）；否则转（3）。

（2）执行循环体语句，然后转（1）。

（3）结束循环，执行 while 语句的下一条。

显然，while 循环是 for 循环的一种简化形式（缺省"变量赋初值"和"循环变量增值"表达式）。

【例 3】用 while 语句求 1～100 的累计和。

```
main()
{int i=1, sum=0;              /*初始化循环控制变量i和累计器sum*/
while(i<=100)
{sum +=i;                     /*实现累加*/
i++;                          /*循环控制变量i增1*/
}
printf(" sum=%d\n ", sum);
}
```

三、do-while 语句

1. do-while 语句的一般格式

```
do
循环体语句
while(循环继续条件);          /*本行的分号不能缺省*/
```

2. 执行过程

（1）执行循环体语句。

（2）计算"循环继续条件"表达式。如果"循环继续条件"表达式的值为非 0（真），则转向（1）继续执行；否则，转向（3）。

（3）结束循环，执行 do-while 的下一条语句。

do-while 循环语句的特点是：先执行循环体语句组，然后再判断循环条件。

【例 4】用 do-while 语句求解 1～100 的累计和。

```
main()
{ int=1, sum=0;               /*定义并初始化循环控制变量，以及累计器*/
{ sum +=i;                    /*累加*/
i++;
}
while(i<=100);                /*循环继续条件：i<=100*/
printf(" sum=%d\n ", sum);
}
```

do-while 语句比较适用于处理：不论条件是否成立，先执行 1 次循环体语句组的情况。除此之外，do-while 语句能实现的，for 语句也能实现，而且更简洁。

四、break 语句与 continue 语句

为了使循环控制更加灵活，C 语言提供了 break 语句和 continue 语句。

1. break 语句

break 语句只能用在 switch 语句或循环语句中,其作用是跳出 switch 语句或跳出本层循环,转去执行后面的程序。由于 break 语句的转移方向是明确的，所以不需要语句标号与之配合。break 语句的一般形式为：

```
break;
```

使用 break 语句可以使循环语句有多个出口，在一些场合下使编程更加灵活、方便。

2. continue 语句

continue 语句只能用在循环体中，其一般格式是：

```
continue;
```

其语义是：结束本次循环，即不再执行循环体中 continue 语句之后的语句，转入下一次循环条件的判断与执行。应注意的是，本语句只结束本层本次的循环，并不跳出循环。

【例 5】输出 100 以内能被 7 整除的数。

```
main(){
int n;
for(n=1;n<=100;n++)
{
if(n%7!=0)
continue;
printf("%d", n);
}
}
```

本例中，对 1～100 的每一个数进行测试，如该数不能被 7 整除，即模运算不为 0，则由 continue 语句转去下一次循环。只有模运算为 0 时，才能执行后面的 printf 语句，输出能被 7 整除的数。

巩固练习

一、选择题

1. 以下程序的输出结果是（　　　）

　　A. 741　　　　　　B. 852　　　　　　C. 963　　　　　　D. 875421

```
main()
{int y=10;
for(;y>0;y--)
if(y%3==0)
{printf("%d", --y);continue; }
}
```

2. 若 x 是 int 型变量，以下程序段的输出结果是（　　　）

　　A. **3　　　　　　B. ##3　　　　　　C. ##3　　　　　　D. **3##4
　　　##4　　　　　　　**4　　　　　　　**4##5　　　　　　**5
　　　**5　　　　　　　##5

```
for(x=3;x<6;x++)
printf((x%2)?("**%d"):("##%d\n"), x);
```

3. 下面程序的输出结果是（　　　）

```
main()
{int n=4;
while(n--)printf("%d", --n);
}
```

　　A. 2　0　　　　　　B. 3　1　　　　　　C. 3　2　1　　　　　　D. 2　1　0

4. 执行下面语句后 b 的值为（　　　）

```
a=1;b=10;
do
{b-=a;a++;}
while(b--<0);
```

   A. 9　　　　　　B. -2　　　　　　C. -1　　　　　　D. 8

5. 下面程序的输出结果是（　　　）

```
main( )
{int   x=10, y=10,  I
for(i=0;x>8;y=++i)
printf("%d, %d", x--, y);
}
```

   A. 10 1 9 2　　B. 9 8 7 6　　C. 10 9 9 0　　D. 10 10 9 1

6. 执行语句 for（i=1;i++<4;）;后，变量 i 的值为（　　　）

   A. 3　　　　　　B. 4　　　　　　C. 5　　　　　　D. 不确定

7. 下面程序的输出结果是（　　　）

```
main( )
{int n=4;
while(n--)printf("%d", n);
}
```

   A. 2 1 0　　　　B. 3 2 1 0　　　　C. 4 3 2 1　　　　D. 3 2 1

8. 下列选项中，正确的 C 语句是（　　　）

   A. int a=b=c=3;　　　　　　　　B. for（x=0, x<9, x++）;

   C. int x;if（x= =3） then x=6;　　D. int x=3;if（x= =3） x=6;

9. 以下没有构成死循环的程序段是（　　　）

   A.

```
int i=100;
while(1)
{i=i%100+1;
if(i>100)
break;
}
```

   B.

```
for（;;）;
```

   C.

```
int k=1000;
do{++k}while(k>=1000)
```

   D.

```
int s=36;
while(s)--s;
```

10. 定义如下变量：

```
int n=10
```

则下列循环的输出结果是（　　　）

```
while(n>7)
{n--;
printf("%d\n", n);
}
```

A.

```
10
9
8
```

B.

```
9
8
7
```

C.

```
10
9
8
7
```

D.

```
9
8
7
6
```

11. 以下程序段的输出结果是（   ）

```
int x=3;
do
{printf("%3d", x-=2);}
while(!(--x));
```

A. 1   B. 3 0   C. 1 -2   D. 死循环

12. 有如下程序：

```
main( )
{int  i, sum=0;
for(i=1, i<=3;sum++)
sum+=i;
printf("%d\n", sum);
}
```

该程序的执行结果是（   ）

A. 6   B. 3   C. 死循环   D. 0

二、写出下面程序的运行结果

1.

```
#include<stdio. h>
main(){
int n=0;
while(getchar()!='\n')n++;
printf("%d", n);
}
```

设输入为 789yuiohu）8h

程序运行结果：_____

2.

```
main(){
int a=1, n;
printf("\n input n: ");
scanf("%d", &n);
while(--n)
```

```
    printf("%d", a*=n);
    }
```

设输入值为6

程序运行结果：_____

3. 下面三个程序，当输入为："qwert?"时，它们的执行结果各是什么？

（1）

```
#include  "stdio. h"
main()
{char c;
c=getchar( );
while(c!='?')
{putchar(c);c=getchar( );}
}
```

程序运行结果：_____

（2）

```
#include  "stdio. h"
main( )
{char c;
while(c=getchar( ))!='?')putchar(++c);
}
```

程序运行结果：_____

（3）

```
#include "stdio. h"
main( )
{while(putchar(getchar( ))!='?');}
```

程序运行结果：_____

4.

```
main()
{int a, b;
for (a=1, b=1;a<10;a++)
{
if (a%3= =1)
{b+=3;continue;}
}
```

```
    printf("%d", b);
    }
```
程序运行结果：_____

5.
```
main()
{int num=0;
while(num<=2)
{num++;printf("%d\t", num); }
}
```
程序运行结果：_____

三、编写程序

1. 求 s=1+1/2+1/4+1/8+1/16+……直到项的值小于 0.0001。

2. 输入 20 个数，输出其中最大的数。

3. 求 1+2！+3！+……10！的和。

数　　组

基本要求

1. 掌握数值型数组（一维）的定义和引用方法；
2. 能灵活运用数组解决相关问题；
3. 掌握字符型数组的定义和引用方法；
4. 在实际编程中能灵活运用字符型数组解决相关问题。

第一讲　数值型数组

知识要点

1. 掌握数值型数组（一维）的定义和引用方法；
2. 掌握数值型数组的初始化方法；
3. 在实际编程中能灵活运用数组解决相关问题。

 知识精讲

一、数组的定义

数组是有序的并具有相同类型的数据的集合。同一数组中的各个元素具有相同的数组名和不同的下标。

1. 一维数组的定义形式：

类型说明符　　　　数组名[常量表达式]；

2. 说明

（1）类型说明符：类型说明符定义了数组的类型。数组的类型也是该数组中各个元素的类型，在同一数组中，各个数组元素都具有相同的类型。

（2）数组名的命名规则遵循标识符的命名规则。

（3）常量表达式：表示数组中元素的个数，即数组的长度。常量表达式可以包含常量或符号常量，但不能包含变量，即不允许对数组大小作动态定义。

（4）如果数组的长度为 n，则数组的第一个元素的下标为 0，最后一个元素的下标为 n-1。

如：

```
int a[10];
```

则数组 a 共包含 10 个元素分别为：a[0]，a[1]……a[9]

二、数组的机内表示

数组是一组有序的数据，其有序表现在同一数组中各个元素在内存的存放顺序上。C 语言编译程序分配一片连续的存储单元来存放数组中的各个元素的值。例如：

```
int a[10];
```

1．a 数组中的各个元素在机内的存储顺序见下图。

存储区

| a[0] |
| a[1] |
| a[2] |
| ⋮ |
| ⋮ |
| a[9] |

2．说明：下标相邻的数组元素在机内占有相邻的存储单元。

三、一维数组的操作

1．在 C 语言中，使用数值型数组时，只能逐个引用数组元素而不能一次引有用整个数组。数组元素的引用是通过下标来实现的。

一维数组元素的表示形式：

数组名[下标]

2．说明：

（1）引用数组元素时，下标可以是任何整型常量、整型变量或任何返回整型量的表达式。例如：

```
num[5]，score[3*6]，
a[n](n必须是一个整型变量，并且必须具有确定的值)，
num[5]=score[0]+score[1];
```

（2）对数组元素可以赋值，数组元素也可以参加各种运算，这与简单变量的用法一样。

【例 1】写出程序的运行结果。

```
main()
{
  int i, a[5];
  for(i=0;i<=4;i++)
  a[i]=i;
  for(i=0;i<=4;i++)
  printf("a[%d]=%d\n", i, i);
}
```

答案：

运行结果如下：

```
a[0]=0
a[1]=1
a[2]=2
a[3]=3
a[4]=4
```

解析：程序中第一个 for 循环使 a[0]到 a[4]的值分别为 0～4，第二个 for 循环则顺序输出 a[0]到 a[4]的值。

【例2】输入 10 个学生的数学成绩，求其总分和平均分。

```
main()
{
    int i, score[10];
    int sum;
    float average;
    printf("请输入10个同学的数学成绩:\n");
    for(i=0;i<=9;i++)
    scanf("%d", &score[i]);
    sum=0;
    for(i=0;i<=9;i++)
    sum+=score[i];
    average=sum/10.0;
    printf("总分为:%d\n 平均分为: %. 1f", sum, average);
}
```

四、数组的初始化方法

1. 定义一维数组时，数组元素的初值依次放在一对花括号内，两个值之间用逗号间隔。

2. 可以只给一部分数组元素赋初值。

如：

```
int a[10]={35, 67, 89, 23, 12, 99};
```

只给前面 6 个元素赋初值，而后面 4 个没有赋初值的元素则自动初始化为 0。

3. 对全部数组元素赋初值时，可以不指定数组的长度。

例如：

```
int a[10]={0, 1, 2, 3, 4, 5, 6, 7, 8, 9};
```

可以写成：

```
int a[]={0, 1, 2, 3, 4, 5, 6, 7, 8, 9};
```

第二讲　字符型数组

 知识要点

1. 掌握字符型数组的定义和引用方法。

2．掌握字符型数组的初始化方法。

3．在实际编程中能灵活运用字符型数组解决相关问题。

4．掌握常用的字符串处理函数。

知识精讲

一、字符数组的定义及初始化

1．定义

字符型数组是指专门用来存放字符型数据的数组，字符型数组既具有普通数组的一般性质，又具有某些特殊性质。

2．字符数组的定义格式

定义字符数组与前面介绍的定义数值型数组的方法类似，只是数组的数据类型为 char 型即：

```
char 数组名[常量表达式]
```

注意：字符数组中的每一个元素只能存放一个字符。

3．初始化

（1）用单个的字符常量对字符数组初始化。

```
char ch[ ]={'h', 'e', 'l', 'l', 'o'};
```

确定字符数组的长度为 5。

（2）用字符串常量对字符数组进行初始化。

```
char ch[ ]="hello";
```

系统确定数组 ch 的长度为 6，因为在编译过程中，系统会在每一个字符串的末尾加上一个空字符'\0'，来作为字符串的结束标志。

二、字符串与字符数组

C 语言中，字符数组一个最重要的作用就是用来处理字符串。C 语言中有字符串常量，却没有字符串变量，字符串的输入、存储、处理和输出等操作，都必须通过字符数组来实现。

【例3】输出一个字符串。

```
main()
{
char ch[]="I am a student";
printf("%s", ch);
}
```

运行结果为：

```
I am a student
```

"%s"表示以字符串的形式输出数据，引用数组时，只用数组名，因为 C 语言中把数组名作为该数组的首地址。

三、字符串（数组）的输入、输出和处理

1. 字符串的输入

（1）

```
scanf（"%s", ch）;
```

"%s"表示以字符串的形式输入数据。注意，不能在数组名前面加上&，因为数组名 ch 已经代表了数组的首地址。

注：在用 scanf()函数以"%s"的形式输入字符串时，存入到字符数组中的内容开始于输入字符中的第一个非空白字符，而终止于下一个空白字符。存入的内容除了输入的字符串本身以外，还有字符串结束标志'\0'。

（2）

```
gets();
```

其作用是输入一个字符串。

调用形式：

```
gets（字符数组名）;
```

注：gets 函数可以将输入的换行符之前的所有字符都存入到字符数组中，最后加上字符串结束标志'\0'。

（3）运用循环语句，依次为数组的每一个元素输入值。

如：

```
for(i=0;i<5;i++)
scanf("%c", &ch[i]);
```

2. 字符串的输出

（1）

```
printf（"%s", 字符数组名）;
```

这种方法以字符串的形式，一次输出整个字符数组中的所有字符。

（2）

```
puts();
```

puts()函数的作用是输出一个字符串，其调用的一般形式为：

```
puts(字符数组名或字符串常量);
```

puts()函数输出字符串时，会自动在字符串的末尾输出一个换行符'\n'。

（3）运用循环语句，依次输出数组中的每一个元素中的所有字符。

如：

```
for（i=0;i<5;i++）
printf("%c", &ch[i]);
```

3. 常用字符串处理函数

使用字符串处理函数时，应在主函数之前加上

```
#include"string. h"
```

（1）strlen()函数。作用是测试字符串的长度。

调用形式：

```
strlen(字符数组名或字符串常量 )
```

该函数的返回值即为字符串的长度。注意，字符串的长度不包括字符串的结束标志'\0'。

【例4】从键盘输入一个字符串，输出它的长度。

```c
#include "string. h"
main()
{
    char str[80];
    printf("please input a string:\n");
    gets(str);
    printf("the lenth of string is :%d", strlen(str));
}
```

（2）strcat()函数。其作用是连接两个字符串。

调用形式：

```
strcat(字符数组1，字符数组2);
```

strcat()函数把字符数组2连到字符数组1的后面，连接的结果放在字符数组1中。

【例5】从键盘输入一个字符串，输出结果。

```c
#include "string. h"
main()
{
    char s1[30]="hello"", s2[20];
    printf("please input you name:\n");
    gets(s2);
    strcat(s1, s2);
    puts(s1);}
```

运行结果如下：

```
please input you name:
xiaoming
hello xiaoming
```

（3）strcmp()函数，其作用是比较两个字符串的大小。

调用形式为：strcmp（字符串1，字符串2）;

如果字符串1=字符串2，则函数返回0。

如果字符串1>字符串2，则函数返回正数。

如果字符串1<字符串2，则函数返回负数。

【例6】输入两个字符串，比较大小。

```c
#include "string. h"
main()
{
    char s1[20], s2[20];
    printf("请输入两个字符串: \n");
    gets(s1);
    gets(s2);
    if(strcmp(s1, s2)= =0) printf("s1=s2");
    else if(strcmp(s1, s2)>0) printf("s1>s2");
    else printf("s1<s2");
}
```

（4）strcpy()函数。其作用是复制字符串。

调用形式：

strcpy（字符数组1，字符串2）；

strcpy()函数把字符串2的内容复制到字符数组1中。

注：字符串2可以是字符数组名，也可以是字符串常量，而字符数组1则只能是字符数组名。

在C语言中，不能使用赋值语句将一个字符串常量或字符数组直接赋给一个字符数组。

【例7】编程交换两个字符数组s1和s2的内容。

```
#include "string. h"
main()
{
    char s1[ 20]="hello", s2[20]="1234", temp[20];
    strcpy(temp, s1);
    strcpy(s1, s2);
    strcpy(s2, temp);
    printf("交换后s1的内容是：%s\n", s1);
    printf("s2的内容是%s\n", s2);
}
```

程序运行结果为：

交换后 s1 的内容是：1234

s2 的内容是：hello

 **巩固练习**

一、阅读程序写出程序运行结果。

1.

```
main()
{
    int i, a[5];
    for(i=0;i<=4;i++)
    a[i]=i+1;
    for(i=0;i<=4;i++)
    printf("a[%d]=%d\n", i, i);
}
```

程序运行结果：＿＿＿＿＿＿＿＿＿＿＿＿＿＿＿＿

2.

```
main()
{
    int n[3], i, j, k;
    for(i=0;i<3;i++) n[i]=0;
```

```
    k=2;
    for(i=0;i<k;i++)
    for(j=0;j<k;j++)
    n[j]=n[i]+1;
    printf("%d", n[1]);}
```
程序运行结果：_____

3.
```
    main()
    {
        int a[10], i, k=0;
        for(i=0;i<10;i++) a[i]=i;
        for(i=0;i<4;i++) k+=a[i]+i;
        printf("%d\n", k);
    }
```
程序运行结果：_____

4.
```
    main()
    {
        int a[]={2, 4, 6, 8, 10}, y=1, x;
        for(x=1;x<4;x++)
        y+=a[x];
        printf("%d\n", y);
    }
```
程序运行结果：_____

5.
```
    #include"stdio. h"
    #include"string. h"
    main()
    {
        char s1[]}="Monday";
        char s2[]="day";
        strcpy(s1, s2);
        printf("%s\n%s\n", s1, s2);
        printf("%c, %c\n", s1[4], s1[5]);
    }
```
程序运行结果：_____

二、编程题

1．编程使数组 a[10]的值分别为 0～9，然后再逆序输出。

2．用数组来输出 fibonacci 数列：1，1，2，3，5，8，…的前 20 项，要求每行输出 5 个数。

3．求一个班 40 名同学的数学平均分，并统计 90 分以上的学生人数。

4．从键盘输入一个字符串，将大写字母转换成小写，小写转换成大写，然后输出。

5．找出五个字符串中的最长字符串，并输出。

函　　数

基本要求

1．掌握函数的一般定义形式；
2．掌握函数的类型、参数和返回值；
3．理解调用函数和被调用函数之间的数据传递过程；
4．了解变量的存储类型。

第一讲　函数的定义

知识要点

1．会正确使用库函数；
2．掌握函数的一般定义形式。

 知识精讲

一、库函数的正确调用

1．C 语言提供了丰富的库函数，包括常用的数学函数、对字符和字符串处理的函数、输入/输出处理函数等等。在调用库函数时要注意以下几点：

（1）调用 C 语言标准库函数时必须在源程序中用 include 命令，include 命令的格式是：

```
#include"头文件名"
```

include 命令必须以#号开头，系统提供的头文件名都以．h 作为后缀，头文件名用一对双引号""或一对尖括号<>括起来。

（2）标准库函数的调用形式：

```
函数名（参数表）
```

2．在 C 语言中库函数的调用可以两种形式出现：

（1）出现在表达式中；

（2）作为独立的语句完成某种操作。

二、函数的定义方法

1．C 语言函数的一般形式为：

```
函数返回值的类型名　函数名（类型名 形参1，类型名 形参2，...）
```

```
{   说明部分
语句部分
}
```

定义的第一行是函数的首部，一对{}中的是函数体。

2．在旧的 C 语言版本中，函数的首部用以下形式：

函数返回值的类型名　函数名（形参1，形参2...）

形参类型说明；

新的 ANSI 标准 C 兼容这种形式的函数首部说明。

3．函数名和形参名都是由用户命名的标识符。

（1）在同一程序中，函数名必须唯一；

（2）形式参数名只要在同一函数中唯一即可，可以与函数中的变量同名。

4．C 语言规定不能在一个函数内部再定义函数。

5．若在函数的首部省略了函数返回值的类型名，把函数的首部写成：

函数名（类型名形参1，类型名形参2，．．．）

C 语言默认函数返回值的类型为 int 类型。

6．当没有形参时，函数名后面的一对圆括号不能省略。

7．自定义函数可以放在主函数之前，也可以放在主函数之后，无论放在什么位置，程序的执行总是从主函数开始执行。

【例1】定义一个求最大值的函数。

```
int max(x, y)
int x, y;
{
int z;
if(x>y) z=x;
else z=y;
return(z);}
```

第二讲　函数的类型、参数和返回值

 知识要点

1．掌握函数的类型及返回值；

2．理解形式参数与实在参数之间参数值的传递。

知识精讲

一、函数的类型由函数定义中的函数返回值的类型名确定

1．函数的类型可以是任何简单类型，如整型、字符型、指针型、双精度型等，它指出了函数返回值的具体类型。

2．当函数返回的是整型值时，可以省略函数类型名。

3. 当函数只完成特定的操作而没有或不需要返回值时，可用类型名 void（空类型）。

二、形式参数与实在参数，参数值的传递

1. 在函数定义中，出现的参数名称为形参（形式参数），在调用函数时，使用的参数值称为实参（实际参数）。

2. 调用函数和被调用函数之间的参数值的传递是"按值"进行的，即数据只能从实参单向传递给形参。也就是说，当简单变量作为实参时，用户不能在函数中改变对应实参的值。

【例2】参数的传递

```
main()
{int a, b;
printf("a=");
scanf("%d", &a);
printf("b=");
scanf("%d", &b);
swap(a, b);
printf("a=%d, b=%d", a, b);
}
swap(x, y)
int x, y;
{
int t;
t=x;x=y;y=t;
printf("x=%d, y=%d\n", x, y);
}
```

运行结果：

```
a=1
b=2
x=2, y=1
a=1, b=2
```

分析：虽然在 swap 函数中形参 x 和 y 的值都发生了改变，但主函数中的实参 a 和 b 的值却没有改变。形参变量和实参变量占据不同的存储单元。

三、函数返回值通过 return 语句中表达式的值就是所求的函数值

1. 当程序执行到 return 语句时，程序的流程就返回到调用该函数的地方（通常称为退出调用函数），并带回函数值。

2. 一般形式：

```
return(表达式);
```

或

```
return 表达式 ;
```

或

```
return;
```

说明：并不是每一个自定义函数都必须有 return 语句，如果一个函数不需要带回任何数据，可以没有 return 语句。

第三讲　函数的调用

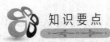知识要点

理解调用函数和被调用函数之间的数据传递过程。

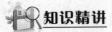知识精讲

一、函数的正确调用（嵌套调用，递归调用）

1. 调用函数时，函数名必须与被调用的函数名字完全一样。实参的个数、类型和形参的个数、类型一致。

2. C 语言规定：函数必须先定义，后调用，也就是被调用函数必须在调用之前加以说明或被调用函数整个放在调用函数之前。但对返回值类型为 int 或 char 类型的函数可以放在调用函数的后面。

3. C 语言中函数定义都是互相平行、独立的，C 语言不允许嵌套定义函数，但允许嵌套调用函数，也就是说，在调用一个函数的过程中，又调用另一个函数。

4. 在 C 程序中，调用一个函数的过程中又出现直接或间接地调用该函数本身，称为函数的递归调用。

5. 递归调用函数是 C 语言的特点之一，有时递归调用会使求解的问题变得更简单明了。

典型例题

【例 1】下列程序段正确的是（　　　　）

A.
```
#include<stdio. h>
main()
{ int i, j;
int(i) =j;
. . .
}
```
B.
```
include <stdio. h>
main()
{ int i, j;
. . .
}
```
C.
```
#include <stdio.  h> ;
```

```
main()
{
...
}
```
D.
```
#include <stdio. h>
main( )
{
...
}
```

答案：D

解析：此题中的选项 A 在调用库函数 int 时，将它放在赋值号的左边，是错误的。选项 B 在使用 include 命令时，开头缺少一个#号，也不正确。选项 C 中在第一行使用 include 命令时，最后放了一个分号，这也不符合 C 语言中的规则。所以只有选项 D 是正确的。

【例2】在 C 语言中，若对函数类型未加显式说明，则函数的隐含类型是（   ）

A. void   B. double   C. int   D. char

答案：C

解析：本例考察函数的定义形式。C 语言中的未加显式类型说明的函数意味着是整型函数，与使用 int 为类型说明是一样的。虽然如此，在实际编程时这并不是好的习惯，常在早期语法书中见到。对于那些不返回任何值的函数最好能说明其类型为 void 而不要省略，这样可以加强编译器的核查能力。

【例3】下述函数段中，（   ）含有错误。

A.
```
int int()
scanf("% d", &x);
return  x+ +, 1;
}
```
B.
```
int f2()
{ int x;
{ return (x>1?
printf("R"):putchar('r'));
}
```
C.
```
main()
{ float x = 3. 5;
float y=fmax(2.0, 3.0)=x++ ;
printf("%f", x+y);
}
```
D.
```
void Rep (int x, int y)
{ int t ;
    t= x;x= y;
  y=t;
}
```

答案：C

解析：本例考察 return 语句、函数调用表达式和指针类型参数。选项 A、B 说明了 return 的习惯写法，表达式是否用括号均可。选项 C 中的错误是因为给表达式 fmax（2.0，3.0）赋值，但赋值一般只应对变量（可寻址的表达式）进行。选项 D 中函数的作用是交换两个整型变量的值。

第四讲　变量的存储类型

知识要点

1．理解局部变量和全局变量的概念及其特点。
2．能运用全局变量实现函数之间的数据传递。

知识精讲

一、自动变量

1．定义

自动变量又称为全局变量，它是指在函数内部定义的变量，调用函数时，系统会自动给它们分配存储空间，在函数调用结束时又自动释放这些存储空间。

自动变量关键字用 auto 说明，但通常可以省略。

2．说明

（1）自动变量的值只存在于它所在的函数的执行过程中，一旦函数执行结束，自动变量就不再存在。

（2）不同的函数内可以定义相同名称的自动变量，它们互不影响。

二、外部变量

1．定义

外部变量又称为全局变量 ，它是在函数之外定义的，它的作用域是从变量的定义处开始，一直到本程序的结尾。

2．说明

（1）外部变量可以被程序中的各个函数所共用。

（2）一个函数可以使用在该函数之后定义的外部变量，这时，必须在该函数中用 extern 说明要使用的外部变量已在函数的外部定义过了，以便让编译程序作出相应的处理。

（3）外部变量可以与局部变量同名，这时在局部变量的作用范围内，外部变量不起作用。

（4）利用外部变量可以实现主调函数与被调函数之间的数据传递。

典型例题

```
int a;
main()
{a=10;
printf("a=%d", a);
f();
printf("a=%d", a);
```

```
    }
    f()
    {a=20;
    }
```

程序运行结果：

```
    a=10
    a=20
```

分析：变量 a 是在程序开头定义的外部变量，主函数给 a 赋值 10，因此第一次输出 a=10，在执行 f()函数时，又将 20 赋给 a，因此调用 f()后，第二次输出 a=20。

三、静态变量

1. 定义

静态变量可以是全局变量，也可以是局部变量。特点是其值始终存在，即在一次调用到下一次调用之间保留原有的值。

说明形式：

```
    static 类型标识符 变量名；
```

2. 说明

（1）在函数之内定义的静态变量，只能被本函数使用，静态变量只在编译阶段初始化一次，在函数执行结束后，函数的值仍会保留。

（2）在函数外定义的全局静态变量，可以被定义它的文件中的各个函数使用。

四、寄存器变量

1. 定义

C 语言中允许将局部变量的值放在 CPU 中的寄存器中，这种称为"寄存器变量"。

一般形式：

```
    register 类型标识符 变量名；
```

2. 说明

（1）只有非静态的局部变量可以作为寄存器变量，而静态的局部变量和全局变量不能作为寄存器变量。

（2）不能定义任意多个寄存器变量。

巩固练习

一、选择题

1. 以下对 C 语言函数的描述中，正确的是（   ）。

    A．C 程序由一个或一个以上的函数组成

    B．C 函数既可以嵌套定义又可以递归调用

    C．函数必须有返回值，否则不能使用函数

    D．C 程序中调用关系的所有函数必须放在同一个程序文件中

2. 以下叙述中不正确的是（   ）。

    A. 在 C 语言中，调用函数时，只能把实参的值传送给形参，形参的值不能传送给实参

    B. 在 C 语言的函数中，最好使用全局变量

    C. 在 C 语言中，形式参数只是局限于所在函数

    D. 在 C 语言中，函数名的存储类别为外部

3. C 语言中函数返回值的类型是由（   ）决定的。

    A. return 语句中的表达式类型   B. 调用函数的主调函数类型

    C. 调用函数时临时   D. 定义函数时所指定的函数类型

4. 一个 C 程序由函数 A、B、C 和函数 P 构成，在函数 A 中分别调用了函数 B 和函数 C，在函数 B 中调用了函数 A，且在函数 P 中也调用了函数 A，则可以说 （   ）

    A. 函数 B 中调用的函数 A 是函数 A 的间接递归调用

    B. 函数 A 被函数 B 中调用的函数 A 间接递归调用

    C. 函数 P 直接递归调用了函数 A

    D. 函数 P 中调用的函数 A 是函数 P 的嵌套

5. 下面不正确的描述为（   ）

    A. 调用函数时，实参可以是表达式

    B. 调用函数时，实参与形参可以共用内存单元

    C. 调用函数时，将为形参分配内存单元

    D. 调用函数时，实参与形参的类型必须一致

6. C 语言规定，调用一个函数时，实参变量和形参变量之间的数据传递是（   ）

    A. 地址传递

    B. 值传递

    C. 由实参传给形参，并由形参传回给实参

    D. 由用户指定传递方式

7. 要在 C 语言中求 sin（30°）的值，则可以调用库函数，格式为（   ）

    A. sin(30)   B. sin(3.1415 / 6)

    C. sin(30.0)   D. sin((double)30)

8. 下面的函数调用语句中含有（   ）个实参。

```
func((v1, v2), (v3, v4, v5), v6);
```

    A. 3   B. 4   C. 5   D. 6

9. 一个完整的可运行的 C 源程序是（   ）。

    A. 至少需由一个主函数和（或）一个以上的辅函数构成

    B. 由一个且仅由一个主函数和零个以上（含零个）的辅函数构成

    C. 至少由一个主函数和一个以上的辅函数构成

    D. 至少由一个且只有一个主函数或多个辅函数构成

10. 在 C 语言程序中，（   ）

    A. 函数的定义可以嵌套，但函数的调用不可以嵌套

    B. 函数的定义不可以嵌套，但函数的调用可以嵌套

C．函数的定义和调用均不可以嵌套

D．函数的定义和调用均可以嵌套

11．C 语言程序中，若对函数类型未加显式说明，则函数的隐含类型为（   ）类型。

A．void   B．double   C．int   D．char

12．若有以下说明和语句，则输出结果是（   ）

```
char s[12] = "a book1";
printf("%d", strlen(s));
```

A．12   B．8   C．7   D．6

13．指出下面正确的输入语句是   （   ）

A．scanf("a = b = % d", &a, &b)   B．scanf("a = % d, b = %f", &m, &f)

C．scanf(" %3c", c) D．scanf(" % 5.2f, &f)

14．若有以下说明和语句，则输出结果是（   ）

```
char a[12]: "a book!"
printf("%. 4", s);
```

A．a book!   B．a bo

C．a book!□□□□   D．格式描述不正确，没有确定的输出

15．以下函数的类型是（   ）

```
fff(float x)
{ printf("%d\n", x*x);
}
```

A．与参数 x 的类型相同   B．void 类型

C．int 类型   D．无法确定

16．下述程序段的输出结果是（   ）

```
int    x=10;
int  y;
y=x++;
printf("%d, %d", (x++, y), y++);
```

A．11, 10   B．11, 11   C．10, 10   D．10, 11

17．对于下述程序，（   ）是正确的。

```
#include<stdio. h>
void f(int p)
{p=10; }
void main()
{int p;
f(p);
printf("%d", p++);
}
```

A．输出的值是随机值   B．因输出语句错误而不能执行

C．输出值为 10   D．输出值为 11

18. 下述程序的输出结果是（　　　）

```
#includc<stdio. h>
long fun(int n)
{long s;
if(n==1 || n==2)
s=2;
else
s=n+fun(n-1);
return s;
}
void main()
{ printf("\n%ld", fun(4));
}
```

A. 7 　　　　　　B. 8 　　　　　　C. 9 　　　　　　D. 10

19. 下述程序的输出结果是（　　　）

```
#include<stdio.h>
int fun(int x)
{int p;
if(x=0 ||x==1)
return 3;
else
p= x- fun(x- 2) ;
return p;}
void main ( )
{ printf(" \n%d", fun(9)) ;
}
```

A. 7 　　　　　　B. 8 　　　　　　C. 9 　　　　　　D. 10

20. 下述程序的运行结果为（　　　）

```
#include<stdio. h>
void abc(char * str)
{int a, b;
for(a=b=0;str[a]! ='\0';a+ +)
if(str[a] ! = 'c')
{str[b++]=str[a];
str[b] =' \ 0';
}
}
void main( )
{char str[] ="abcdef";
abc(str) ;
printf("str[ ] = % s", str) ;
}
```

A. str[ ] = abdef 　　B. str[ ] = abcdef 　　C. str[ ] = a 　　　D. str[ ] = ab

二、写出程序的运行结果

1.

```
#include<stdio.h>
main( )
{
int k=4, m=3, p;
p= func(k, m) ;
printf("%d", p) ;
p= func(k, m) ;
printf("%d\n", p) ;
}
func(a, b)
{
int a, b
static int m = 0, i = 2;
i+=m+1;
m=i+a+b;
retrun(m) ;
}
```

程序运行结果: _____

2.

```
#include <stdio.h>
main( )
{
int s[] = {1, 2, 3, 4}, i;
int x=0;
for(i=0, i<4, i+ + )
x = sb(s, x) ;
printf("%d", x) ;
printf("\n");
}
sb(s1, y)
int sl[4], y;
{
static int i1 = 3 ;
y=s1[i1];
i1--;
retrun(y);
}
```

程序运行结果: _____

C 语言常用头文件

```
#include<assert. h>        //设定插入点
#include<ctype. h>         //字符处理
#include<errno. h>         //定义错误码
#include<float. h>         //浮点数处理
#include<fstream. h>       //文件输入/输出
#include<iomanip. h>       //参数化输入/输出
#include<iostream. h>      //数据流输入/输出
#include<limits. h>        //定义各种数据类型最值常量
#include<locale. h>        //定义本地化函数
#include<math. h>          //定义数学函数
#include<stdio. h>         //定义输入/输出函数
#include<stdlib. h>        //定义杂项函数及内存分配函数
#include<string. h>        //字符串处理
#include<strstrea. h>      //基于数组的输入/输出
#include<time. h>          //定义关于时间的函数
#include<wchar. h>         //宽字符处理及输入/输出
#include<wctype. h>        //宽字符分类
```

工具软件基础知识

模块一

系 统 工 具

考纲要求

1. 理解有关系统工具的类型，造成系统资源不足的原因和解决方法；
2. 掌握硬盘分区魔术师 PartitionMagic 的使用方法和操作技巧；
3. 掌握一键 Ghost 的使用方法和操作技巧；
4. 掌握 Windows 优化大师的使用方法和操作技巧；
5. 会用 PartitionMagic、一键 Ghost、Windows 优化大师等工具软件解决实际问题。

第一讲　系统工具及 PartitionMagic 的基础知识

知识要点

1. 了解常见系统工具；
2. 了解硬盘分区的概念及其常见硬盘分区工具；
3. 掌握系统资源不足的分类及解决方案；
4. 掌握硬盘分区魔术师 PartitionMagic 的主要特点；
5. 理解利用硬盘分区魔术师 PartitionMagic 分区时需注意的问题。

知识精讲

一、系统工具

1. 必要性

随着计算机系统日益复杂、软件的大量出现以及网络的普及，系统管理成了大问题，特别是对普通用户而言，有一套功能强大、容易使用的系统检测、优化、维护工具已经必不可少。

2. 类型

常用的系统工具主要有系统的维护、测试、优化、修复、监视、安全、加密、多系统引导工具等。

3. 常见的系统工具软件

常用的系统工具软件有硬盘分区魔术师 PartitionMagic、一键 Ghost、系统整机测试软件 AIDA64、驱动精灵、系统优化工具 Windows 优化大师等。

二、硬盘分区

1．硬盘分区的概念

硬盘分区就是将一块物理硬盘通过分区软件将其分成若干个逻辑盘（平时我们看到的 C、D、E、F 盘等），硬盘分区的目的是规划硬盘的使用方式，便于硬盘数据的管理。

2．什么情况下需要对硬盘进行分区操作

（1）刚买回来的新硬盘。

（2）被病毒严重感染的硬盘。

（3）想调整现有硬盘分区空间的硬盘。

3．常见的硬盘分区工具

PartitionMagic、DOS FDISK、Smart FDISK、DiskGenius，Norton Disk Doctor，其中硬盘分区魔术师 PartitionMagic 的功能最为强大，DOS FDISK 使用最灵活，但功能相对较为简单。

三、计算机的运行速度慢、死机问题

计算机的运行速度慢、死机可能是由于计算机感染了病毒，计算机的运行速度慢、死机也可能是由于系统资源不足，或者是误删除了某个系统文件或某个注册表项造成的，有时删除某个程序时没有采用正确的卸载方法或没有删除干净也可能造成计算机运行速度变慢。

四、系统资源不足

系统资源不足分为硬件资源不足和操作系统资源不足。

1．硬件资源不足

硬件资源不足体现在 CPU 的频率过低，内存、显存不足，硬盘空间不够等。

解决方法：对硬件进行升级。

2．操作系统资源不足

计算机在使用一段时间后会留下许多"垃圾"（即无用的文件、文件碎片或临时文件等），这些"垃圾"占用了大量的硬盘空间，使硬盘的访问时间变长，同时也占用了宝贵的内存空间，导致 CPU 运行速度变慢，最终出现死机、系统资源不足等现象。

解决方法：① 定期进行磁盘整理；

② 彻底删除不用的程序；

③ 在装有操作系统的分区内尽量不要安装其他应用程序；

④ 如有特殊情况，每隔一段时间，格式化硬盘，重装操作系统。

五、PartitionMagic 的主要特点

（1）PartitionMagic 的最大特点是在不损坏磁盘数据的情况下，任意地改变、隐藏硬盘分区，是实现硬盘动态分区和无损分区的最佳选择。

（2）支持 FAT、FAT32、NTFS、HPFS 和 Linux Ext2 等文件系统格式，并可以在各文件系统之间互相转换。

（3）能运行在 DOS/Windows 3.1、Windows 95/98、Windows NT 和 Linux 等多种操作平台上。

六、使用 PartitionMagic 的几个问题

（1）使用 PartitionMagic 前，务必对硬盘上的重要数据做好备份工作。

（2）使用 PartitionMagic 进行分区等操作时一定要保持电源稳定。

（3）PartitionMagic 与防病毒软件存在一定的兼容问题，在使用 PartitionMagic 进行操作前，可先对硬盘进行杀毒，然后关闭防病毒软件。

（4）在操作前充分计划好所希望的最终硬盘分区情况，去掉不必要的操作程序，用最简练的步骤得到期望的结果。

典型例题

【例1】（2016 年高考题）在 PartitionMagic 中，使用"创建分区"向导创建新的分区时，所用的菜单命令是（　　）。

A．分区——创建新的分区　　　　　B．任务——创建新的分区

C．工具——创建新的分区　　　　　D．磁盘——创建一个新的分区

答案：B

解析：使用"创建分区"向导，创建分区，在软件主界面单击"创建一个新分区"选项或在菜单栏上单击"任务"——"创建新的分区"命令。

【例2】（2011 年高考题）以下关于 PartitionMagic 使用时的注意事项，不正确的是（　　）。

A．使用期间必须保证电源稳定供电

B．删除后的分区会变成一块未分配空间

C．分区分割前至少要有一个文件或文件夹

D．主分区一旦转换为逻辑分区，将不再具有引导能力

答案：C

解析：使用 PartitionMagic 需要注意保持电源的持续稳定供电。分区被删除后将变成"未分配空间"区域。分割分区时，必须向新的分区加入至少一个原来分区上的文件或文件夹，加上原来分区上保留的一个文件或文件夹，则在分割前一定要有两个或两个以上的文件或文件夹存放在该分区中才行。如果让分区成为可引导分区，必须把逻辑分区转换为主分区，如果把主分区转换为逻辑分区，将不再具有引导能力，安装在该分区上的操作系统将不能启动。因此本题答案为 C。

巩固练习

一、单项选择题

1．若要对硬盘进行分区操作，可使用的软件是（　　）。

A．Photoshop　　　　B．WinRAR　　　　C．ACDSee　　　　D．PartitionMagic

2．对于新购置的硬盘，应进行的第一个操作是（　　）。

A．硬盘高级格式化　　　　　　　B．硬盘分区

C．装入操作系统　　　　　　　　D．查杀硬盘是否有计算机病毒

3. 以下情况中不需要对硬盘进行分区操作的是（　　）。

A．新购买的硬盘　　　　　　　　　B．病毒严重感染，分区表遭到破坏

C．重新安装 Windows 系统　　　　 D．各逻辑盘空间分配不合理

4. 解决系统硬件资源不足的方法是（　　）。

A．重新安装操作系统　　　　　　　B．对硬件进行升级

C．彻底查杀计算机病毒　　　　　　D．进行磁盘碎片整理

5. 计算机运行速度慢、经常死机原因不可能是（　　）。

A．感染了病毒　　　　　　　　　　B．系统资源不足

C．误删除了系统文件　　　　　　　D．硬盘安装文件较少

6. 下列不属于硬件资源不足的是（　　）。

A．硬盘中碎片太多　　　　　　　　B．内存、显存不足

C．硬盘空间不够　　　　　　　　　D．CPU 时钟频率过低

7. 使用 PartitionMagic 时，无需进行的操作是（　　）。

A．准备一台 UPS 不间断电源　　　　B．关闭防病毒软件

C．将硬盘分区格式转换为 FAT　　　 D．备份硬盘上的重要数据

8. PartitionMagic 不能实现的功能是（　　）。

A．合并和分割分区　　　　　　　　B．转换文件系统格式

C．显示和隐藏分区　　　　　　　　D．主分区系统恢复

9. 关于簇的设置，以下说法正确的是（　　）。

A．簇的大小与磁盘性能及空间没有关系

B．簇的大小由文件系统格式决定，不能修改

C．簇的值越大，磁盘性能越好，但空间浪费较大

D．簇的值只要确定便不能再修改

10. 在使用 PartitionMagic 时，以下说法错误的是（　　）。

A．必须保证电源持续稳定供电

B．在操作前充分计划好所希望的最终硬盘分区情况，去掉不必要的操作程序，用最简练的步骤达到结果

C．最好将防病毒软件关闭

D．因为 PartitionMagic 不损害数据，所以不必对重要数据进行备份

11. 以下操作系统中不支持 NTFS 格式的是（　　）。

A．Windows 7　　　B．Windows XP　　　C．Windows 98　　　D．Windows Vista

12. 下列工具软件不属于系统工具软件的是（　　）。

A．AIDA64　　　B．驱动精灵　　　C．格式工厂　　　D．Windows 优化大师

二、简答题

1. 引起计算机的运行速度慢、死机问题的原因有哪些？

2．试分析操作系统资源不足引起故障的原因和解决的方法？

3．使用 PartitionMagic 需要注意的几个问题分别是什么？

第二讲　硬盘分区魔术师 PartitionMagic 的基本操作

　知识要点

1．掌握硬盘分区魔术师 PartitionMagic 的各种基本操作；

2．能用硬盘分区魔术师 PartitionMagic 解决实际应用中遇到的问题。

知识精讲

PartitionMagic 操作的一般步骤：选定硬盘及分区→选择操作并指定信息→使更改生效。

一、创建新分区

1．使用"创建分区"向导创建新的分区

（1）运行 PartitionMagic，在主界面单击"创建一个新分区"选项或单击"任务"→"创建新的分区"菜单项，单击"下一步"按钮。

（2）在出现的"创建位置"对话框中选择创建新分区的位置，单击"下一步"按钮，打开"创建新的分区"对话框。

（3）在出现的"减少哪一个分区的空间"对话框中，选择需要创建的分区容量从哪个分区获得，单击"下一步"按钮。

（4）在出现的"创建新的分区"对话框中选择新分区的大小、文件系统类型，在"创建为"下拉列表中选择是主分区或逻辑分区，单击"下一步"按钮。

（5）单击"完成"按钮，返回主界面，单击"应用"按钮，系统开始创建新的分区。

2．使用单个自由空间创建独立分区

（1）运行 PartitionMagic，在主界面的"未分配"空间上右击，选择"创建"选项。

（2）在弹出的"创建分区"对话框中选择创建分区的大小、类型和位置，单击"确定"按钮。

（3）返回主界面，单击"应用"按钮，系统开始创建新的分区。

二、调整分区大小

使用 PartitionMagic 进行分区调整主要有两个方面：一是调整未分配空间的大小，二是调整主分区或逻辑分区的大小。

1．调整未分配空间的大小

（1）在要创建分区的磁盘状态图上右击，在弹出的快捷菜单中选择"调整／移动分区"选项；

（2）在打开的对话框中，直接输入未分配空间的大小或用鼠标拖动调整分区大小，调整完毕后单击"确定"按钮。

2．调整主分区或逻辑分区的大小

（1）运行 PartitionMagic，在主界面左侧的"选择一个任务"栏中单击"调整一个分区的容量"选项，单击"下一步"按钮。

（2）在"调整分区容量"对话框中，单击"下一步"按钮，在"选择分区"对话框中选择需要调整的分区，单击"下一步"按钮。

（3）在"调整分区容量"对话框中设置分区调整后的容量大小，单击"下一步"按钮。

（4）如果是增大原分区容量，则弹出"减少哪一个分区的空间"对话框，选择要减少的分区，单击"下一步"按钮；如果是减小原分区容量，则弹出"提供给哪一个分区的空间"对话框，选择要提供的分区，单击"下一步"按钮。

（5）在弹出的"确认分区调整容量"对话框中，单击"完成"按钮，返回主界面，单击"应用"按钮。

三、合并分区

（1）运行 PartitionMagic，选择要合并的分区，选择"分区"→"合并"菜单项或右击，在弹出的快捷菜单中选择"合并"命令，打开"合并邻近的分区"对话框。

（2）设置合并选项，选择合并后的新驱动器使用的盘符，在"文件夹名称"编辑框中输入被合并分区内容所生成文件夹的名称，单击"确定"按钮，返回主界面，单击"应用"按钮。

注意：合并操作必须是在同一个物理硬盘的两个相邻的分区之间进行，且两个分区的文件系统格式必须相同。不一定要盘符相邻，而是两个分区在磁盘上的物理位置必须相邻。

四、分割分区

（1）运行 PartitionMagic，在主界面选择要分割的分区，右击，在弹出的快捷菜单中选择"分割"菜单项或选择"分区"→"分割"菜单项，弹出"分割分区"对话框。

（2）方法 1：在原始分区中选择要移动到新分区的文件或文件夹，单击"》"将它添加到右边的列表中，再指定新分区的卷标、分区类型和盘符，单击"确定"按钮。

方法 2：单击"分割分区"对话框的"容量"选项卡，用鼠标拖动条形图标，或者在"新建分区"选项组的"大小"文本框中输入新分区的大小，单击"确定"按钮。

注意：分割时必须向新的分区加入至少一个原来分区上的文件或文件夹，而且原来的分区上必须保留至少一个文件或文件夹，也就是原来的分区上至少要有两个以上的文件或文件夹，否则操作时会提示错误。

知识拓展

分割分区的操作可以由"调整分区大小+创建新的分区"来代替，先把需要拆分的分区容量调小，这时磁盘就会出现未分配空间，再用未分配空间创建新的分区，原来的一个分区就成了两个分区，这样可以避免分割分区时分离文件的麻烦。

五、删除分区

（1）运行 PartitionMagic，右击要删除的分区，在快捷菜单中选择"删除"命令，弹出"删除分区"对话框，单击"确定"按钮。

（2）在主分区左侧选择"分区操作"→"删除分区"菜单项，弹出"删除分区"对话框，单击"确定"按钮返回主界面，单击"应用"按钮，删除分区。

注意：删除后的分区将变成一个"未分配空间"区域，呈灰色状态显示。

六、转换分区格式

（1）运行 PartitionMagic，在需要进行文件系统转换的分区上右击，在弹出的快捷菜单中选择"转换"命令，或选择分区后单击菜单"分区"中的"转换"命令。

（2）在弹出的"转换分区"对话框中的"文件系统"处选择需要转换的文件系统，在"主/逻辑"处选择主分区还是逻辑分区，单击"确定"按钮，返回主界面，单击"应用"按钮。

七、隐藏分区

利用 PartitionMagic 隐藏硬盘分区的步骤如下。

（1）运行 PartitionMagic。

（2）选定要隐藏的分区。

（3）选择"分区"→"高级"→"隐藏分区"菜单命令，在弹出的对话框中单击"确定"按钮。

（4）返回主界面，单击"应用"按钮。

八、把 PartitionMagic 锁起来

虽然 PartitionMagic 对硬盘操作非常安全，但为了防止别人乱动，最好还是为它加把锁，

单击"常规"→"设置密码"命令，在弹出窗口中按提示设置即可。这样，每次打开 PartitionMagic 时都会要求输入正确密码，否则无法使用。

典型例题

【例 1】（2015 年高考题）小刘的磁盘分区如下图 1 所示，根据实际需要，他想利用 PartitionMagic 将分区的容量调整为 366.6GB，结果如下图 2 所示，请帮他写出操作步骤。

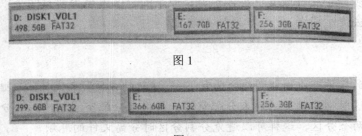

图 1

图 2

答案：（1）运行 PartitionMagic，在主界面左侧的"选择一个任务"栏中单击"调整一个

分区的容量"选项,单击"下一步"按钮。

（2）在"调整分区容量"对话框中,单击"下一步"按钮,在"选择分区"对话框中选择需要调整的分区 E,单击"下一步"按钮。

（3）在"调整分区容量"对话框中设置分区调整后的容量大小为 366.6GB,单击"下一步"按钮。

（4）弹出"减少哪一个分区的空间"对话框,选择要减少的分区 D,单击"下一步"按钮。

（5）在弹出的"确认分区调整容量"对话框中,单击"完成"按钮,返回主界面,单击"应用"按钮。

解析： 本题主要考察了利用 PartitionMagic 进行调整分区的操作方法。

【例 2】（2013 年高考题）下列有关 PartitionMagic 的说法中不正确的是（ ）。

　　A．不能将未分配空间调整给其他分区,但可以在未分配空间上直接创建新分区

　　B．可将任何一个较大的有两个文件夹的分区使用"分割分区"操作

　　C．该软件最大的特点是在不损害硬盘数据的情况下,可以任意改变、隐藏、调整分区

　　D．将某一分区删除后,该分区的空间将变成灰色的"未分配空间"

答案： A

解析： 调整未分配空间的大小操作步骤如下。

（1）在要创建分区的磁盘状态图上右击,在弹出的快捷菜单选择"调整/移动分区"选项;

（2）在打开的对话框中,直接输入未分配空间的大小或用鼠标拖动调整分区大小,调整完毕后单击"确定"按钮。

因此本题答案为 A。

巩固练习

一、单选题

1．在 PartitionMagic 的"选择一个任务"下拉菜单中可以选择（ ）。

　　A．转换分区　　　　B．合并分区　　　　C．分割分区　　　　D．删除分区

2．在使用 PartitionMagic 增大某分区的容量时,在打开的"减少哪一个分区的空间"对话框中若没有选择任何分区,则（ ）。

　　A．多出来的空间添加给第一个分区

　　B．多出来的空间添加给最后一个分区

　　C．多出来的空间自动变成未分配空间

　　D．出现错误提示,要求必须指定多出来的空间提供给哪一个分区

3．在 PartitionMagic 中,关于分割分区,以下说法错误的是（ ）。

　　A．分割时必须向新的分区中加入至少一个原分区上的文件或文件夹

　　B．可以分割主分区,也可以分割逻辑分区

　　C．只能分割逻辑分区,不能分割主分区

　　D．分割分区时不能将一个文件分在两个分区中

4．利用 PartitionMagic 隐藏分区后，该分区将（　　　）。

    A．不能在我的计算机中看到　　　　　B．能在资源管理器中看到

    C．无法再次显示　　　　　　　　　　D．被隐藏，并呈灰色显示

5．利用 PartitionMagic 的"分区向导"创建新分区，使用的菜单是（　　　）。

    A．磁盘　　　　　B．分区　　　　　C．任务　　　　　D．工具

6．利用 PartitionMagic 分割分区时，原分区至少要包括的文件或文件夹数是（　　　）。

    A．1 个　　　　　B．2 个　　　　　C．3 个　　　　　D．4 个

7．利用 PartitionMagic 把分区删除后，删除后的分区将（　　　）。

    A．变成一个未分配空间　　　　　　　B．自动合并到前一个分区中

    C．自动合并到下一个分区中　　　　　D．变成一个隐藏分区

8．利用 PartitionMagic 创建分区时，在出现的"创建位置"对话框中，一般使用（　　　）。

    A．在 C 盘之后但在 D 盘之前　　　　B．最后一个分区

    C．在磁盘之后　　　　　　　　　　　D．以上都不正确

9．使用 PartitionMagic 创建分区，选择分区系统类型时，在 Linux 系统中供交换文件使用的是（　　　）。

    A．NTFS　　　　　B．Linux Swap　　　C．FAT32　　　　　D．Linux Ext2

10．PartitionMagic 中通过输入数值方式来调节未分配空间的大小时，对话框中"自由空间之前"选项表示（　　　）。

    A．当前自由空间的大小　　　　　　　B．从原分区中释放出的自由空间大小

    C．调整后分区的大小　　　　　　　　D．被数据占用空间的大小

11．在 PartitionMagic 主界面中，分区信息栏上灰色区域表示（　　　）。

    A．主分区空间　　　B．未分配空间　　　C．扩展分区空间　　　D．隐藏的分区空间

12．Partition Magic 创建分区时，关于簇的设置，以下说法正确的是（　　　）。

    A．簇的大小由文件系统格式决定，不能修改

    B．簇的值越小，空间利用率越高

    C．簇的大小与磁盘性能、空间没有关系

    D．簇是物理存储单元，扇区是逻辑单位

二、简答题

1．使用 PartitionMagic 合并分区，请写出操作步骤。

2．如何利用 PartitionMagic 隐藏硬盘分区？

三、综合题

有一台计算机，安装了 Windows 98 和 Windows XP 双系统，但在 Windows 98 中却找不到 F 盘，而在 Windows XP 中却能正常使用，请分析原因，并帮他解决此问题。

第三讲   一键 Ghost

 知识要点

1．了解一键 Ghost 的主要功能；
2．掌握一键 Ghost 的基本操作及技巧；
3．会用一键 Ghost 软件解决实际操作中遇到的问题。

知识精讲

一、一键 Ghost 的版本及功能

（1）一键 Ghost 是"DOS 之家"首创的 4 种版本（硬盘版/光盘版/优盘版/软盘版）同步发布的启动盘。

（2）主要功能包括：一键备份系统、一键恢复系统、中文向导、Ghost、DOS 工具箱。

二、一键 Ghost 的运行

1．在 Windows 下运行

菜单命令	含义
Local	
Disk	
To Disk	硬盘对拷
To Image	硬盘建立备份
From Image	从备份文件恢复到硬盘
Partition	
To Partition	分区对拷
To Image	分区建立备份
From Partition	从备份文件恢复到分区

程序安装完成后，选择"立即运行一键 Ghost"；或选择"开始"→"程序"→"一键 Ghost"。

2．开机菜单运行

一键 Ghost 安装完成后会自动生成双重启动菜单，选择"一键 Ghost v2011.07.01"选项即可进入"一键 Ghost 主菜单"。

三、主要功能及使用方法

1．一键备份系统

选择主菜单中的"一键备份系统"，弹出"一键备份系统"对话框，选择"备份"选项，程序会自动启动 Ghost 程序，并将 C 盘备份到第一块硬盘的最后一个分区：1\\C_PAN．GH0，进度条一点一点地移动，完成 100％后会重新启动计算机，一键备份系统完成。

2．一键恢复系统

"一键恢复系统"操作是建立在已经备份过系统盘的基础上的，要恢复系统，选择主菜单中的"一键恢复系统"，弹出"一键恢复系统"对话框，选择"恢复"选项，程序会自动启动 Ghost 程序，进度条完成 100 %后，即将系统的备份文件恢复到系统 C 盘。

3．在 DOS 中使用 Ghost

选择主菜单中的"Ghostll．2"或使用启动盘启动计算机后，在 DOS 环境中进入 Ghost 所在的文件夹，键入"Ghost"命令，然后按回车键便会在 DOS 下运行 Ghost。

DOS 中 Ghost 主要菜单项的含义如下。

（1）分区的备份

① 在 DOS 方式下运行 Ghost．exe，选择"Local"→"Partition"→"To Image"菜单。

② 选择要备份的硬盘，单击"OK"，选择要备份的分区，单击"OK"按钮。

③ 选择映像文件储存的目录路径并输入备份文件名称，单击"Save"按钮。

④ 选择映像文件的压缩模式。"NO"表示不压缩，备份速度最快；"Fast"表示快速压缩，压缩率低，但备份耗时少；"High"表示压缩率高，文件体积小但备份耗时多。通常情况下可以选择"High"。

⑤ 选择"Yes"按钮即开始进行备份操作。

（2）分区备份的还原

① 在 DOS 方式下运行 Ghost．exe，选择"Local"→"Partition"→"From Image"菜单，打开"装入映像文件"对话框。

② 在"装入映像文件"对话框中选择要恢复的映像文件，单击"Open"按钮，打开"从映像文件中选择源分区"对话框，单击"OK"按钮。

③ 在"选择目标分区"对话框中，选择目标分区，单击"OK"按钮，显示"确认"对话框。

④ 单击"Yes"按钮，计算机开始还原系统。

（3）硬盘的克隆

① 运行 Ghost 软件，进入 Ghost 主菜单。

② 选择"Local-Disk-To-Disk"菜单项。

③ 选择源硬盘，单击"OK"按钮。

④ 选择要复制到的目标硬盘，单击"OK"按钮。

⑤ 单击"Yes"按钮开始硬盘对拷。

注意：Ghost 能将目标硬盘复制得与源硬盘完全一样，并实现分区、格式化、复制系统和文件。目标硬盘不能太小，必须能将源硬盘的内容装下。

4．操作技巧

（1）设置硬盘接口模式

默认情况下，一键 Ghost 支持 IDE 硬盘和兼容模式下的 SATA 硬盘，适用于大多数计算机；少数 SATA 串口模式的计算机进入 Ghost 界面后会出现死机问题，可以在一键 Ghost 中设置硬盘接口模式为 SATA 串口模式。设置方法如下：在一键 Ghost 程序主界面中选择"设置"

按钮，打开"一键 Ghost 设置"对话框在"硬盘"选项中选择"SATA 串口模式"，单击"确定"按钮。

（2）设置 Ghost 登录密码

如果多人共用一台计算机，为防止他人使用，可为 Ghost 设置密码。设置方法如下：在"一键 Ghost 设置"窗口中，选择"密码"标签，设置密码，然后单击"确定"按钮。

典型例题

【例1】（2015 年高考题）利用 DOS 中的 Ghost 软件对 C 分区进行备份操作时，应选择的选项是（　　）。

 A．"Local" → "Partition" → "To Image"

 B．"Local" → "Disk" → "To Image"

 C．"Local" → "Partition" → "From Image"

 D．"Local" → "Disk" → "From Image"

答案 A

解析："Local" → "Partition" → "To Image"菜单的含义是为分区制作映像文件；"Local" → "Disk" → "To Image"的含义是为硬盘制作映像文件；"Local" → "Disk" → "From Image"的含义是从映像文件恢复到磁盘；"Local" → "Partition" → "From Image"的含义是将映像文件恢复到分区。因此本题答案为 A。

【例2】（2014 年高考题）一键 Ghost 的功能不包括（　　）。

 A．创建内存映像文件　　　　　　B．为 C 分区创建备份文件

 C．将映像文件还原到另一个硬盘上　　D．DOS 工具箱功能

答案： A

解析： 一键 Ghost 能实现对硬盘内容的复制和备份，针对的主要是硬盘而非内存。因此本题答案为 A。

【例3】（2013 年高考题）使用一键 Ghost 的一键备份系统时，将 C 盘备份到（　　）。

 A．C 分区　　　　B．用户制定分区　　C．D 分区　　　　D．最后一个分区

答案： D

解析：本题考查一键 Ghost 的"一键备份系统"，C 盘备份到第一块硬盘的最后一个分区：1\\C_PAN. GH0。因此本题答案为 D

【例4】（2012 年高考题）小明为系统盘 C 创建了映像文件存储到 D 盘，当系统崩溃后想把映像文件恢复到 C 盘，在 DOS 环境中运行 Ghost 后，应选择的命令项是（　　）。

 A．"Local" → "Partition" → "To Image"

 B．"Local" → "Partition" → "To Partition"

 C．"Local" → "Disk" → "From Image"

 D．"Local" → "Partition" → "From Image"

答案： D

解析："Local" → "Partition" → "To Image"菜单的含义是为分区制作映像文件；"Local" → "Partition" → "To Partition"的含义是分区对拷；"Local" → "Disk" → "From Image"

的含义是从映像文件恢复到磁盘；"Local" → "Partition" → "From Image" 的含义是将映像文件恢复到分区。因此本题答案为 D。

巩固训练

一、单项选择题

1. 一键 Ghost 的功能包括（　　　）。

　　A．一键备份系统　　B．一键恢复系统　　C．DOS 工具箱　　　D．以上都是

2. 关于一键 Ghsot 的运行说法错误的是（　　　）。

　　A．可以在 Windows 操作系统下运行

　　B．不可以在 Windows 操作系统下运行

　　C．可以在 DOS 操作系统下运行

　　D．一键 Ghost 安装完成后会自动生成双重启动菜单

3. 使用一键 Ghost 备份分区或磁盘时，生成的映像文件的扩展名是（　　　）。

　　A．.bak　　　　　　　B．.gho　　　　　　　C．.iso　　　　　　　D．.sys

4. 关于一键 Ghost 在 DOS 中的使用，下列说法不正确的是（　　　）。

　　A．可以将备份复制到其他硬盘

　　B．克隆过程可以将目标盘自动分区并格式化

　　C．创建硬盘映像文件的目标分区可以是任何一个分区

　　D．可以将备份文件刻录到光盘上

5. 在 DOS 下克隆分区时，下列说法正确的是（　　　）。

　　A．可将源分区克隆到另一个分区，包括源分区使用的文件系统

　　B．可将源分区克隆到另一个分区，不包括源分区使用的文件系统

　　C．操作时可先选择目标分区，再选择源分区

　　D．源分区和目标分区必须是同一块硬盘上的分区

6. 要设置 Ghost 版本需要在一键 Ghost 程序主界面中单击的按钮是（　　　）。

　　A．方案　　　　　　　B．引导　　　　　　　C．设置　　　　　　　D．参数

7. 使用一键 Ghost 要将映像文件还原到目标盘，以下说法正确的是（　　　）。

　　A．必须恢复到源盘上

　　B．目标盘必须是空的

　　C．目标盘与源盘的类型、容量必须完全一样

　　D．目标盘将被自动分区并格式化

8. 在 DOS 方式下，一键 Ghost 提供的压缩方式中不包括（　　　）。

　　A．NO　　　　　　　B．Fast　　　　　　　C．High　　　　　　　D．Normal

9. DOS 方式下，利用 Ghost 完成硬盘的对拷，以下操作正确的是（　　　）。

　　A．"Local" → "Disk" → "To Disk"

　　B．"Local" → "Partition" → "To Partition"

　　C．"Local" → "Disk" → "To Partition"

　　D．"Local" → "Partition" → "To Disk"

10．关于一键 Ghost 说法不正确的是（　　　）。

    A．一键 Ghost 是 DOS 之家的首创

    B．一键 Ghost 既可以在 DOS 环境下运行，也可以在 Windows 下运行

    C．一键 Ghost 安装完成后会自动生成双重启动菜单

    D．一键 Ghost 只支持 IDE 接口硬盘，不支持 SATA 接口的硬盘

二、简答题

1．在 Windows 方式下，如何实现"一键备份系统"？

2．DOS 方式下如何将系统盘 C 盘备份到 F 盘的 xp.gho 映像文件中？

3．如何设置一键 Ghost 的登录密码？

第四讲　Windows 优化大师—系统检测和系统优化

知识要点

1．了解 Windows 优化大师的特点；

2．掌握 Windows 优化大师的系统检测和系统优化的基本操作；

3．会用 Windows 优化大师解决实际生活中遇到的系统检测和系统优化方面的问题。

知识精讲

1．Windows 优化大师的主要特点

Windows 优化大师是一款功能强大的系统工具软件，它提供了全面有效且简便安全的系统检测、优化、清理、维护四大功能及多个附加的工具软件，使计算机系统始终工作在最佳状态。该软件支持 Windows 2000/XP/2003/Vista/7 等操作系统。

2．"开始"模块

启动 Windows 优化大师后，默认显示的是"开始"模块中的"首页"界面，"开始"模块包括两个子模块："首页"和"优化工具箱"。

（1）"首页"子模块

这一模块主要提供自动优化和自动清理功能，单击"首页"界面中的"一键优化"按钮，Windows 优化大师自动对磁盘缓存、桌面菜单、文件系统、开机速度等项目进行优化，使各项系统参数与当前计算机更加匹配。"一键清理"可自动清除硬盘垃圾文件、操作历史痕迹及注册表中的冗余信息，以释放更多硬盘空间，使系统保持清爽，从而提高计算机运行速度。

（2）"优化工具箱"子模块

单击"开始"→"优化工具箱"菜单，打开 Windows 优化工具箱界面，主要包括 Windows 优化大师自带的进程管理、文件加密/解密、内存整理、文件粉碎工具，也可链接到鲁大师、360 安全卫士等系统优化工具。

在主界面单击"系统检测"菜单，在"系统检测"主菜单中选择要测试的项目，就会在右边的窗口中显示出相关软硬件的详细信息。

这一模块向使用者提供系统的硬件、软件情况。检测过程中会对部分关键指标提出性能提升的建议。系统检测模块有系统信息总览、处理器与主板等多个项目。

4．磁盘缓存优化

（1）单击主界面的"系统优化"→"磁盘缓存优化"菜单，进入磁盘缓存优化页面。

（2）设置输入输出缓存大小。拖动"输入输出缓存大小"下方调节棒上的滑块，可以对输入输出缓存的值进行设置，优化大师会针对物理内存大小给出推荐值。

（3）内存性能配置。拖动"内存性能配置"下方调节棒上的滑块，能对内存性能进行配置，以充分发挥内存的最高性能，其设定值有三个：最小内存消耗、最大网络吞吐量和平衡。其中"最小内存消耗"适合大多数普通用户的计算机，"最大网络吞吐量"适合网络服务器，"平衡"适合兼顾注重本机程序运行和网络吞吐量大的计算机，设置该项时可根据计算机的实际用途进行选择。

（4）设置虚拟内存。单击磁盘缓存优化主界面中的"虚拟内存"按钮，打开"虚拟内存设置"对话框，可以设置虚拟内存所在的分区及大小，设置完毕后，单击"确定"按钮即可。

（5）其他设置。"计算机设置为较多的 CPU 时间来运行"，对于普通用户的计算机建议选择为"程序"，对于服务器则选择"后台服务"。"分配最多的系统资源给前台应用程序"，本选项仅在 Windows XP 下有效，适合于通常只运行一个应用程序的计算机，经常进行多任务操作的计算机不要选择。

（6）单击"优化"按钮。

知识拓展

（1）输入输出缓存

输入输出缓存也叫磁盘缓存，它实际上是内存中的一部分空间，分为读缓存和写缓存两个部分。

输入输出缓存越大，数据传输就越流畅，但过大的输入输出缓存将耗费相同数量的系统内存，因此具体设置多大的磁盘缓存才比较合适，要根据物理内存的大小和运行任务的多少来定。

（2）虚拟内存

一般地，操作系统默认使用 C 盘的剩余空间来做虚拟内存，对应的交换文件为 pagefile.sys，因此，如果 C 盘的剩余空间太小，系统能够使用的虚拟内存就很少，计算机的运行速度就会受到很大影响。但也不是说 C 盘的剩余空间越多，虚拟内存越大就越好，一般将虚拟内存设置为物理内存容量的 1.5～3 倍较为合适，C 盘的剩余空间只要大于设置的虚拟内存就可以了。另外，虚拟内存随着系统使用而动态地变化，这样 C 盘就容易产生磁盘碎片，影响系统运行速率，所以最好将虚拟内存设置在 C 盘以外的分区中。

5．网络系统优化

网络系统优化包括以下功能。

（1）上网方式选择。常见的上网方式包括调制解调器、ISDN、XDSL、PPPoE、Cable Modem、局域网或宽带。

（2）启用最大传输单元大小自动探测、黑洞路由器探测、传输单元缓冲区自动调整。该项能提高网络速度，建议选择。

（3）增强 IE 网址自动探测能力。将在注册表中添加：www.＊.org、www.＊.net、www.＊.edu 等 12 种地址匹配方案，提高 IE 浏览器的网址自动探测能力。

（4）网络优化的方法。

① 单击主界面的"系统优化"→"网络系统优化"菜单，进入网络系统优化页面。

② 在"上网方式选择"列表框中选择一种上网方式。

③ 根据需要，勾选"启用最大传输单元大小自动探测、黑洞路由器探测、传输单元缓冲区自动调整"复选框。

④ 根据需要，勾选"增强 IE 网址自动探测能力"复选框。

⑤ 单击"优化"按钮。

6．开机速度优化

Windows 优化大师对于开机速度的优化主要是通过减少引导信息的停留时间和取消不必要的自运行程序实现的。

操作步骤如下：

（1）单击 Windows 优化大师主界面"系统优化"→"开机速度优化"菜单，进入"开机速度优化"页面。

（2）用鼠标或键盘调整"启动信息停留时间"调节棒，一般将启动信息停留时间设置为 5s 较为合适。

（3）勾选要取消的开机自运行程序。

（4）设置默认启动的操作系统。

（5）单击"优化"按钮。

注意：在清除自启动程序后，可以单击"恢复"按钮进入"备份与恢复管理"对话框随时恢复该自启动项目。

典型例题

【例 1】（2013 年高考题）注册表信息中，与特定用户无关、保存了与这台计算机有关的软、硬件配置信息的是（　　）。

　　A．HKEY→LOCAL→MACHINE　　　　B．HKEY→USERS

　　C．HKEY→CURRENT→USER　　　　　D．HKEY→CURRENT→CONFIG

答案：A

解析： 注册表中的 HKEY→LOCAL→MACHINE 保存了所有与这台计算机有关的硬件和软件配置信息，它是一个公共配置信息，与特定用户无关，适合于使用这台计算机的所有的人。因此本题答案为 A。

【例2】（2012 年高考题）Windows 优化大师中，先勾选要取消的自启动程序，然后单击按钮（　　）。

    A．导出　　　　　　B．刷新　　　　　　C．优化　　　　　　D．恢复

答案： C

解析： Windows 优化大师中，要取消一些自启动程序，需要进行开机速度优化。方法是单击主界面的"系统优化"→"开机速度优化"菜单，进入"开机速度优化"界面，勾选要取消的自启动程序前面的复选框，单击"优化"按钮，即可从启动菜单，清除选定的自启动程序。因此本题答案为 C。

巩固练习

一、单选题

1．Windows 优化大师提供的网络系统优化功能，不包括（　　）。

    A．选择上网方式　　　　　　　　　　B．增强 IE 网址自动探测能力

    C．默认启动的操作系统　　　　　　　D．优化 COM 端口缓冲

2．以下关于磁盘缓存的表述，错误的是（　　）。

    A．磁盘缓存也叫输入/输出缓存，分为读缓存和写缓存两个部分

    B．磁盘缓存的大小要根据物理内存的大小和运行任务的多少来确定

    C．磁盘缓存是硬盘空间的一部分

    D．磁盘缓存是内存空间的一部分

3．关于虚拟内存，以下说法正确的是（　　）。

    A．虚拟内存是内存空间的一部分

    B．虚拟内存是硬盘空间的一部分

    C．虚拟内存的读/写速度和实际物理内存保持一致

    D．虚拟内存随着系统使用而动态地变化，因此，最好将虚拟内存设置在系统分区中

4．Windows 优化大师提供的"开机速度优化"功能，不包括（　　）。

    A．启用最大传输单元大小自动探测、黑洞路由器探测、传输单元缓冲区自动调整

    B．默认启动的操作系统

    C．Windows 启动信息停留时间

    D．等待启动磁盘错误检查时间

5．使用 Windows 优化大师的磁盘缓存优化功能对内存性能进行配置时，适合大多数普通用户使用的计算机的配置是（　　）。

    A．最小内存消耗　　B．最大网络吞吐量　C．平衡　　　　　　D．以上都不对

6．不属于 Windows 优化大师"网络系统优化"功能按钮的是（　　）。

    A．设置向导　　　　B．IE 及其他　　　　C．恢复　　　　　　D．导出

7. Windows 优化大师中，改变计算机启动过程中提示信息的停留时间，可以使用的功能是（　　）。

　　A．网络系统优化　B．开机速度优化　　C．磁盘缓存优化　　D．系统个性设置

二、简答题

1. 什么是磁盘缓存？读缓存和写缓存各自有哪些特点？

2.（2015 年高考题）Window 为什么要使用虚拟内存技术？虚拟内存的值如何确定？

三、案例分析题

1. 最近小明的计算机开机启动速度明显变慢，他想使用优化大师优化计算机的启动信息停留时间，并关闭部分开机自启动程序，请帮他整理出操作步骤。

2. 李平想使用优化大师将自己计算机中的虚拟内存从 C 盘调整到 D 盘，请写出李平的操作步骤。

第五讲　Windows 优化大师—系统清理和系统维护

知识要点

1. 理解注册表的相关知识；
2. 掌握系统清理和系统维护的基本操作及操作技巧；
3. 会用 Windows 优化大师解决实际生活中遇到的问题。

知识精讲

1. 注册表

注册表是一个非常巨大的树状分层结构的数据库系统，它记录了应用程序和计算机系统的全部配置信息，Windows 系统和应用程序的初始化信息，应用程序和文档文件的关联关系，所有硬件设备的说明、状态和属性。注册表是 Windows 系统的核心配置文件，在系统中起着举足轻重的作用，一旦注册表出现问题，整个系统将变得混乱甚至崩溃。

2. 注册表的清理

随着计算机硬件和应用程序的增加，注册表也会变得越来越大，硬件或应用程序删除后，如果没有删除注册表中的相关信息，就会使注册表产生冗余信息，这些冗余信息不仅影响了注册表

本身的存取效率，而且直接导致了系统整体性能的降低，因此，有必要定期清理注册表。

Windows 优化大师的系统清理模块主要包括注册信息清理、磁盘文件管理、冗余 DLL 清理、ActiveX 清理、软件智能卸载、历史痕迹清理、安装补丁清理。

（1）单击主界面的"系统清理"→"注册信息清理"菜单，进入"注册信息清理"页面。

（2）选择要扫描的项目，单击"扫描"按钮。

（3）每检查到一项，就将其添加到分析结果列表中，直到分析结束或被用户终止。

（4）扫描完毕后，单击"删除"按钮将删除选中的分析结果；单击"全部删除"按钮将删除列表中的全部项目。

注册表清理的项目主要包括以下有 3 项：HKEY→CURRENT→USER、HKEY→USERS 和 HKEY→LOCAL→MACHINE。

知识拓展

Windows 优化大师提供了注册表的备份与恢复功能。压缩备份的注册表随时从优化大师自带的备份与恢复管理器中恢复。

3．"系统维护"模块

（1）系统磁盘医生

单击主界面的"系统维护"→"系统磁盘医生"菜单，即打开了系统磁盘医生界面，选择要检查的磁盘，单击"检查"按钮，优化大师就会扫描所有系统文件，并自动修复检查过程中发现的错误。

（2）磁盘碎片整理

单击主界面的"系统维护"→"磁盘碎片整理"菜单，即打开了磁盘碎片整理界面，选择要整理的磁盘，单击"分析"按钮，优化大师开始分析所选磁盘上的碎片情况，分析完毕后显示分析报告，并给出是否需要对磁盘进行整理的建议，若需整理，单击磁盘碎片整理界面中的"碎片整理"按钮即可。

知识拓展

磁盘碎片指的是硬盘读写过程中产生的不连续文件。

在文件操作过程中，Windows 系统可能会调用虚拟内存来同步管理程序，这样就会导致各个程序对硬盘频繁读写，从而产生磁盘碎片。

经常删除、添加文件，也会产生大量的磁盘碎片，因为硬盘上一个区域的内容被删除后，再写入的文件一般不会和释放出来的硬盘空间一样大，这样就会造成文件存储的不连续。

4．操作技巧

Windows 优化大师提供了文件粉碎机的功能，通过文件粉碎机可以将文件或文件夹不可恢复地彻底删除。

在 Windows 优化大师的主界面选择"开始"→"优化工具箱"菜单，打开"优化工具箱"界面，双击"文件粉碎"工具，打开 Wopti 文件粉碎机界面，选择彻底删除的是文件还是文件夹，单击"下一步"按钮，在弹出对话框中，单击"增加"按钮依次添加要删除的文件或文件夹，单击"下一步"按钮，即可将所选的文件或文件夹彻底删除。

典型例题

【例1】（2014年高考题）小李感觉到自己的计算机运行速度越来越慢，使用杀毒软件进行了全面扫描也没有发现病毒，他请小刘帮他解决这个问题．小刘使用Windows优化大师对计算机进行了注册表清理之后，又进行了全面优化。请你写出小刘的操作过程。

答案： ① 启动Windows优化大师，单击"首页"界面中的"一键优化"按钮，优化大师自动对各项目进行优化，使各项参数与当前计算机更加匹配。

② 单击主界面的"系统清理"→"注册表信息清理"菜单，进入"注册表信息清理"页面。

③ 选择要扫描的项目，单击"扫描"按钮。

④ 每检查到一项，就将其添加到分析结果列表中，直到分析结束或被用户终止。

⑤ 扫描完毕后，单击"删除"按钮将选中的分析结果删除。

解析： 本题考察Windows优化大师的"一键优化"和"注册表清理"功能，步骤顺序不能颠倒，步骤可以合并，要点正确即可得分。

【例2】（2012年高考题）注册表是Windows系统的核心配置文件，它的数据结构是（　　）。

    A．环状　　　　　　B．网状　　　　　　C．星状　　　　　　D．树状

答案： D

解析： 本题考察注册表的定义，注册表是一个非常巨大的树状分层结构的数据库系统。

【例3】（2011年高考题）在Windows优化大师"系统清理"窗口中，不能实现的是（　　）。

    A．注册信息清理　　B．磁盘文件管理　　C．软件智能卸载　　D．清除流氓软件

答案： D

解析： Windows优化大师的"系统清理"主界面包括"注册信息清理""磁盘文件管理""冗余DLL清理""ActiveX清理""软件智能卸载""历史痕迹清理""安装补丁清理"等七项内容。Windows优化大师自带的Wopti流氓软件清除大师提供强大的流氓软件扫描和清除功能，为附带的软件，而非"系统清理"中的单项内容。因此答案应选D。

巩固练习

一、单项选择题

1．用于存储计算机上各种软件、硬件的配置数据的核心数据库是（　　）。

    A．CMOS　　　　　B．注册表　　　　　C．BIOS　　　　　　D．操作系统

2．通过调整注册表，可实现的功能是（　　）。

    A．调整软件的运行性能　　　　　　B．检测和恢复系统错误

    C．定制桌面　　　　　　　　　　　D．以上均可

3．以下软件中不属于系统工具软件的是（　　）。

    A．一键Ghost　　　　　　　　　　B．PartitionMagic

    C．Windows优化大师　　　　　　　D．WinRAR

4．Windows 优化大师提供的系统清理功能中不包括（　　　）。

    A．冗余 DLL 清理 B．安全补丁清理　　C．历史痕迹清理　　D．开机速度优化

5．进行注册表清理时，清理选项中不包括（　　　）。

    A．扫描可删除的多国语言　　　　　　B．扫描用户运行或操作的历史记录

    C．扫描无效的软件信息　　　　　　　D．扫描注册表中的冗余动态链接库信息

6．注册表中用于管理系统当前的用户信息的是（　　　）。

    A．HKEY→CURRENT→USER

    B．HKEY→CURRENT→USER 和 HKEY→USERS

    C．HKEY→LOCAL→MACHINEE

    D．HKEY→USERS 和 HKEY→LOCAL→MACHINE

7．Windows 优化大师扫描垃圾文件结束后，要将其全部删除，可使用的命令按钮是
（　　　）。

    A．删除　　　　　　B．全部删除　　　　　C．备份　　　　　　　D．优化

8．Windows 优化大师中，软件智能卸载属于（　　　）功能模块。

    A．系统优化　　　　B．系统维护　　　　　C．系统清理　　　　　D．系统检测

9．检查和修复由于非正常关机、系统死机等原因引起的系统故障，可使用 Windows 优
化大师提供的（　　　）。

    A．磁盘碎片整理　B．磁盘缓存优化　　C．系统磁盘医生　　D．磁盘文件管理

二、简答题

1．什么是注册表？

2．什么是磁盘碎片？它是如何产生的？

三、案例分析题

1．晓华的计算机最近感觉越来越慢，杀毒后也没有任何好转，小明建议她使用优化大师
对注册表进行清理，请帮晓华整理出操作步骤。

2．小明利用课余时间，对自己计算机的 C 盘进行了磁盘碎片整理，请写出小明的操作步骤。

办公应用工具

1. 了解关于文件压缩的概念、压缩格式；
2. 掌握压缩软件 WinRAR 的使用方法和操作技巧；
3. 掌握阅读软件 Nero Express 的使用方法和操作技巧；
4. 会用 WinRAR、Nero Express 等工具软件解决实际问题。

实用压缩软件 WinRAR

知识要点

1. 了解关于数据压缩的概念、压缩格式；
2. 掌握 WinRAR 的基本操作，包括压缩、解压、分卷压缩、加密压缩等；
3. 会用 WinRAR 解决实际生活中遇到的问题。

知识精讲

1. 文件压缩

概念：文件压缩也称为数据压缩，是指在不丢失信息的前提下，缩减数据量以减少存储空间，提高其传输、存储和处理效率的一种技术方法。压缩过程按照一定的算法对数据进行重新组织，减少数据的冗余和存储空间。

分类：数据压缩包括有损压缩和无损压缩。

常见的压缩格式有 RAR、ZIP、CAB、ARJ 等。

常用的压缩工具有 WinRAR、WinZIP、好压（HaoZip）等。

2. WinRAR 的特点

WinRAR 是一款强大的压缩文件管理工具，主要用于备份数据，缩减 E-mail 附件大小，解压缩从 Internet 上下载的 RAR、ZIP 和其他格式的压缩文件，并能创建 RAR 和 ZIP 格式的压缩文件。WinRAR 具有强力压缩功能，对声音及图像文件采用独特的多媒体压缩算法，大大提高了压缩率。

3. 压缩文件

方法 1：① 在 WinRAR 的程序主界面中选择要压缩的文件，选择"命令"→"添加文件到压缩文件中"菜单命令，或单击工具栏中的"添加"按钮，打开"压缩文件名和参数"对话框。

② 输入压缩后的文件名称，默认的文件保存位置是源文件所在的文件夹，如果想更改被压缩文件的存放路径，可单击"浏览"按钮进行选择。设置完毕后单击"确定"按钮，WinRAR就会对选中的文件进行压缩。

方法2：① 在"我的计算机"窗口或"资源管理器"中选择需要压缩的文件或文件夹，右击，在弹出的快捷菜单中选择"添加到压缩文件"命令。

② 在弹出的"压缩文件名和参数"对话框中，输入目标压缩文件的路径及文件名，设置压缩文件格式及压缩方式等，单击"确定"按钮。

4．制作自解压文件

自解压文件是压缩文件的一种，它可以不用借助任何压缩工具，只需双击文件就可以自动执行解压缩操作。同普通压缩文件相比，自解压文件体积要大一些（因为它内置了自解压程序），但它可以在没有安装任何压缩软件的情况下打开压缩文件。自解压文件的扩展名为.exe。

自解压文件的图标如图 2.1.1 所示。

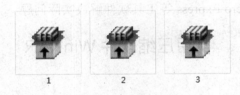

图 2.1.1　自解压文件图标

（1）直接生成法

制作压缩文件时，在打开的"压缩文件名和参数"对话框中勾选"压缩选项"中的"创建自解压格式压缩文件"复选框，创建的压缩文件即为自解压文件。

（2）转换法

启动 WinRAR，在 WinRAR 的主界面中，选择要转换为自解压文件的压缩包，选择"工具"→"压缩文件转换为自解压格式"选项或按下"Alt+X"组合键，单击"确定"按钮即可生成自解压文件。

5．制作分卷压缩文件

分卷压缩就是压缩时将压缩的文件分成若干个小的压缩文件，以便于下载和拷贝。

（1）选择需要压缩的文件或文件夹，右击，在弹出的快捷菜单中选择"添加到压缩文件"选项。

（2）在弹出的"压缩文件名和参数"对话框中，设置压缩文件的路径及文件名，单击"切分为分卷（V），大小"下拉列表框，从中选择或输入分卷大小，单击"确定"按钮后，WinRAR将按照设定的大小生成分割压缩包。

注意： 要对分卷压缩文件解压，必须下载所有的分卷压缩包，并存放在同一个文件夹下，然后选择任一压缩包进行解压，WinRAR 就会自动读出所有连续的文件，自动组合成一个文件。

6．设置密码保护压缩文件

对文件进行压缩时，在"压缩文件名和参数"对话框中选择"高级"标签，然后单击窗口中的"设置密码"按钮，在弹出"输入密码"对话框中输入密码，就能实现对文件的加密压缩操作。

7．解压文件

方法 1：① 在 WinRAR 的程序主界面中选择要解压的压缩文件，选择"命令"→"解压到指定文件夹"菜单命令，或单击工具栏中的"解压到"按钮，打开"解压路径和选项"对话框。

② 选择文件解压后的保存路径，也可以创建新的文件夹保存解压后的文件，如不设置，默认保存在压缩文件所在的文件夹中，单击"确定"按钮，WinRAR 就会对选中的文件进行解压缩。

方法 2：① 右击要解压的压缩文件，在弹出的快捷菜单中选择"解压文件"命令，打开"解压路径和选项"对话框。

② 选择存放解压文件的目标路径，单击"确定"按钮。

8．修复受损的压缩包

如果打开一个压缩包时，发现发生了损坏。可以用 WinRAR 进行修复。

启动 WinRAR，选择需要修复的压缩包，单击工具栏的"修复"按钮，在弹出的对话框中选择修复的压缩文件类型是 RAR 或 ZIP 压缩包，单击"确定"按钮即可修复该文件。

9．操作技巧

（1）锁定压缩文件保安全

① 在 WinRAR 中单击选中压缩包，选择"工具"→"显示信息"命令或单击工具栏中的"信息"按钮。

② 在打开的"信息"对话框中，单击"选项"标签，在"锁定压缩文件"栏中选中"禁止修改压缩文件"复选框，单击"确定"按钮。

（2）支持 Windows 对象的拖曳功能

① 使用左键将某个未压缩文件拖曳到目标压缩包的图标上，会出现"正在更新压缩文件"对话框，完成原文件压缩包的更新。

② 若已经在 WinRAR 打开了目标压缩包，可将需添加的压缩文件直接拖曳到 WinRAR 的窗口中，也能实现将文件添加到 RAR 压缩包中。

10．WinRAR 中常见的图标

WinRAR 中常见的图标如图 2.1.2 所示（识别图标一般见于选择题中）。

图 2.1.2 WinRAR 中常见的图标

典型例题

【例 1】（2016 年高考题）将"职业道德"文件夹用鼠标拖拽到"职业素养.rar"图标上，所实现的功能是（   ）。

A．生成"职业道德.exe"文件　　　　B．生成"职业道德-副本.rar"文件

C．生成"职业道德.rar"文件并锁定　D．将此文件夹添加到"职业道德.rar"中

答案：D

解析：在"计算机"或资源管理器窗口中将一个文件或文件夹拖拽到目标压缩文件上，就会将该文件或文件夹添加到压缩包中。

【例2】（2012年高考题）右击文件"读书.doc"，在快捷菜单中没有的命令项是（　　）。

A．添加到压缩文件…　　　　　　　B．压缩并 E-mail…

C．添加到"读书.exe"　　　　　　　D．压缩到"读书.tar"并 E-mail

答案：C

解析：本题考查的是右击某一文件时弹出的快捷菜单中能进行的操作，A、B、D 项所表示的操作都可以进行，因此本题答案为 C。

【例3】（2011年高考题）在 WinRAR "向导：压缩文件选项"对话框中，不包含的选项是（　　）

A．快速但是压缩率较小　　　　　　B．压缩后删除源文件

C．测试压缩文件　　　　　　　　　D．创建自解压（.exe）文件

答案：C

解析：WinRAR "向导：压缩文件选项"的对话框中 A、B、D 三项都包括，只有 C 项的"测试压缩文件"没有，因此本题答案为 C。

巩固练习

一、单项选择题

1．以下文件格式中，不属于压缩文件格式的是（　　）。

A．TXT 格式　　B．RAR 格式　　C．ARJ 格式　　D．ZIP 格式

2．关于 WinRAR 的说法错误的是（　　）。

A．WinRAR 是一款强大的压缩文件管理工具

B．WinRAR 不能用于备份数据

C．WinRAR 可以用于备份数据

D．WinRAR 能创建 RAR 和 ZIP 格式的压缩文件

3．在 WinRAR 中，可以解压的压缩文件格式不包括（　　）。

A．ISO 文件　　B．ARJ 文件　　C．MP3 文件　　D．CAB 文件

4．以下不属于 WinRAR 特点的是（　　）。

A．可以创建自解压文件　　　　　　B．可以创建虚拟光驱映像文件

C．可以对压缩文件进行加密操作　　D．支持分卷压缩

5．关于 WinRAR，以下说法正确的是（　　）。

A．WinRAR 生成的压缩文件最大为 1GB

B．WinRAR 生成的压缩文件大小几乎没有限制

C．WinRAR 压缩大于 1GB 文件时自动采用分卷压缩

D．WinRAR 不能对已经压缩文件再进行压缩操作

6. WinRAR 创建的自解压文件的扩展名是（　　　）。

    A．.com　　　　　　B．.exe　　　　　　C．.rar　　　　　　D．.sys

7. 在 WinRAR 中将选择的文件创建一个新压缩文件，以下操作正确的是（　　　）。

    A．单击"文件"菜单中的"新建"命令

    B．单击"命令"菜单中的"添加文件到压缩文件"命令

    C．按"Ctrl+N"组合键

    D．右击，再单击快捷菜单中的"新建"命令

8. 在资源管理器中把一文件用鼠标拖动至 RAR 压缩文件中，实现的操作是（　　　）。

    A．该文件将自动添加到压缩文件中　　　　B．没任何变化，出现禁止标志

    C．自动打开 WinRAR 软件　　　　　　　　D．该文件将替代压缩文件中的所有文档

9. 关于分卷压缩，以下说法正确的是（　　　）。

    A．分卷压缩时，卷的大小由系统提供，不能由用户自定义

    B．分卷压缩时，不能对压缩文件设置密码

    C．对分卷压缩文件解压时，必须将所有分卷压缩文件放在一起才可以

    D．可以对分卷压缩文件中的某一个压缩文件单独解压

10. 使用 WinRAR 创建压缩文件时，默认生成的压缩文件格式是（　　　）。

    A．ZIP 格式　　　　B．EXE 格式　　　　C．ISO 格式　　　　D．RAR 格式

11. 要解压分卷压缩文件中的文件，应选择（　　　）进行解压操作。

    A．后缀最大的压缩文件　　　　　　　　B．后缀最小的压缩文件

    C．任何一个压缩文件　　　　　　　　　D．后缀居中的压缩文件

12. 使用 WinRAR 压缩文件时，要设置密码，在打开的"压缩文件名和参数"对话框中使用的选项卡是（　　　）。

    A．常规　　　　　　B．高级　　　　　　C．文件　　　　　　D．注释

13. 在 WinRAR 中，可以完成的操作包括（　　　）。

    A．修复受损的压缩文件　　　　　　　　B．转换压缩文件的格式

    C．扫描压缩文件中的病毒　　　　　　　D．以上均是

14. 在 WinRAR 中，选中某压缩包后，要将其转换为自解压文件，可使用的快捷键是（　　　）。

    A．Alt+X　　　　　　B．Ctrl+Y　　　　　　C．Shift+R　　　　　　D．Ctrl+Alt+X

15. 关于自解压文件的说法错误的是（　　　）。

    A．自解压文件的扩展名为.exe

    B．自解压文件的体积比普通压缩文件要大一些

    C．自解压文件的体积比普通压缩文件要小一些

    D．可以在没有安装任何压缩文件的情况下打开压缩文件

二、简答题

1. 相对于普通压缩文件而言，自解压文件有什么优点?

2．要将 D 盘中的普通压缩文件"文档．rar"转换成自解压文件"文档．exe"，该如何操作？

三、案例分析题

1．晓华在解压下列文件时，总是不成功。请帮其找出解压失败的原因，并写出正确的解压步骤。

图片.part1.rar　　　图片.part3.rar　　　图片.part4.rar

2．小明想将计算机 E 盘"资料"文件夹中的所有复习资料制作成自解压文件"资料.exe"，并对其设置密码为"20141111"，请帮他整理出操作步骤。

模块三

图像处理工具

考纲要求

1. 掌握相片管理器 ACDSee 的使用方法和操作技巧；
2. 掌握 Snagit 的使用方法和操作技巧；
3. 掌握 Flash Cam 的使用方法和操作技巧；
4. 会用 ACDSee、Snagit 和 Flash Cam 等工具软件解决实际问题。

第一讲　相片管理器 ACDSee

知识要点

1. 了解 ACDSee 的功能特点；
2. 掌握使用 ACDSee 导入、浏览图片及整理图片的方法；
3. 掌握 ACDSee 的编辑功能；
4. 掌握 ACDSee 的基本操作及技巧，并合理运用 ACDSee 解决实际操作过程中遇到的问题。

知识精讲

1. ACDSee 的简介

ACDSee 是一款出色的图片管理软件，它能快速地浏览、整理、编辑和分享图片及其他媒体。使用它可以将相片从数码相机导入计算机，对文件进行分类与评级，以及管理从几百张到几十万张不等的相片集。此外，ACDSee 还包含大量的图像编辑工具，可用于创建、编辑、润色数码图像，可以使用红眼消除、裁剪、锐化、模糊以及相片修复等工具来增强或校正图像。许多图像编辑操作（如曝光调整、转换、调整大小、重命名以及旋转等）可以同时在多个文件上执行。ACDSee 15 中文版的主界面如图 3.1.1 所示。

2. ACDSee 15 的功能

在 ACDSee 15 中，可以快速地在"管理""查看""编辑"及"Online"这四种模式间进行切换，切换模式按钮位于 ACDSee 窗口的右上方，如图 3.1.2 所示。

图 3.1.1　ACDSee 15 中文版主界面

图 3.1.2　切换模式按钮

这四种模式主要功能如下。

管理：导入、浏览、整理、比较、查找以及发布相片。

查看：以任何缩放比例显示与检查相片。

编辑：使用基于像素的"编辑"工具修正与增强相片。

Online：将图像上载到 ACDSeeOnline.com 与联系人或公众分享。

3．导入相片

使用 ACDSee 可以从各种设备下载图像，在"管理"模式下，选择"文件"→"导入"菜单中的命令，可以实现相片文件的导入。另外，使用 ACDSee 还可以通过数码设备（如摄像头）直接拍摄图像，并将其保存在计算机中，如图 3.1.3 所示。

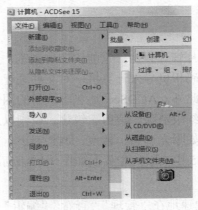

图 3.1.3　导入相片

操作方法如下。

① 将摄像头连接到计算机。

② 选择"文件"→"导入"→"扫描仪"命令，打开"获取相片向导"对话框，在设备框中选择摄像头。

③ 单击"下一步"按钮，设置输出相片文件的格式。

④ 单击"下一步"按钮，在输出选项窗口中设置相片文件的保存位置。

⑤ 单击"下一步"按钮，在视频窗口中单击"捕获"按钮。即可将捕获的相片保存在计算机中。

4．浏览图片和媒体文件

（1）在"管理"模式下浏览图片

在"管理"模式下，在"文件夹"窗格中选择图片所在的文件夹，在文件列表窗格中将显示文件夹中的内容，如图 3.1.4 所示。在文件列表窗格中，可以设置图片的查看方式以及查看符合设置条件的图片。

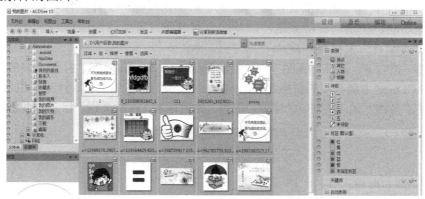

图 3.1.4　在"管理"模式下浏览图片

● 过滤：显示过滤选项列表，如评级与类别。可以选择"高级过滤器"，并创建自定义的过滤器。

● 组：显示文件属性列表，这些属性可以用于在"文件列表"窗格中组合文件。

● 排序：显示文件属性列表，这些属性可以用于在"文件列表"窗格中给文件排序。

● 查看：显示在"文件列表"窗格中查看文件时可供使用的查看选项列表。

● 选择：显示文件选择选项的列表。

（2）在"查看"模式下浏览图片

在"查看"模式下，在"文件列表"窗格中，单击"上一个"或"下一个"按钮可以向上或向下浏览图片，也可以调整图片的显示比例、旋转方式等，如图 3.1.5 所示。

选择"工具"→"幻灯放映"命令，文件列表窗格中的图片会以幻灯片的方式自动浏览，同时会出现一个控制条，可以改变图片的浏览延迟时间及循环、无序、音频的开关。

ACDSee 15 也可以播放音频和视频文件，在 ACDSee 内选中要播放的文件，双击鼠标即可利用其内嵌的视频播放器播放视频。

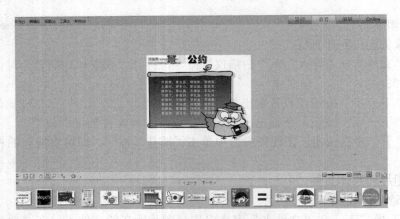

图 3.1.5　在"查看"模式下浏览图片

4．管理图片

ACDSee 提供了多个集成的管理工具，用于对图像与媒体文件进行整理与排序，这些工具包括批处理功能、类别与评级系统，以及用于存放所有重要图像信息的强大数据库。

（1）使用"编目"窗格整理图片

在"管理"模式下，选择"视图"→"编目"命令（Ctrl+Shift+2），打开"编目"窗格，"编目"窗格是 ACDSee 中最有用的窗格之一，如图 3.1.6 所示，它为编目、排序、组合、搜索以及管理文件提供了多种方式：类别、关键词、评级、颜色标签、自动类别、保存的搜索、特殊项目。

图 3.1.6　"编目"窗格

对图片归类整理的方法如下。

① 从文件列表中选择一个或多个文件将它们拖放到"类别"中的某一类上，即可为图片添加类别，归入类别之后，便可以按照类别搜索、排序、组合以及查找它们。

② 从文件列表中选择一个或多个文件将它们拖放到"评级"或"标签"项上，可指定 1～5 的数字评级或 5 种颜色标签。

③ 大部分数码相机会在拍摄相片时创建并嵌入关于文件的信息。ACDSee 使用此信息来创建自动类别。单击自动类别时，ACDSee 便会搜索包含该元数据的图像，选择一个或多个自动类别来查找文件。

（2）图片的查找

ACDSee 还提供了多种快速有效的查找图片的方法，如下所示。

① "管理"模式下，选择"视图"→"搜索"命令（Ctrl+Shift+3），打开"搜索"窗格，可以按文件名、关键词或图像属性来进行搜索。

② 使用"快速搜索"栏来快速查找文件与文件夹，或使用指定的名称与关键词来搜索数据库。

③ 使用"编目"窗格来快速查找并列出硬盘上的全部图像，或查找文件夹中尚未分类的文件夹。

④ 在"管理"模式下，选择"视图"→"日历"命令（Ctrl+Shift+4），打开"日历"窗格，可以按相片日历、年份、月份、日期、事件视图方式来查找图片。

5．编辑图片

ACDSee 不但可以浏览、整理图片，也具有强大的图片编辑功能，可以使用编辑工具来微调图像、消除红眼以及应用特殊效果等。

（1）调整图片色彩

有时在天气不好时拍摄的相片，其曝光度不足使整个画面看起来很暗，这时可以通过"曝光/光线""颜色""细节"等工具来调整，让图像变得亮丽起来。

步骤：打开需要调整色彩的图片，切换到"编辑"模式窗口，利用"曝光/光线"工具中的"曝光""色阶""自动色阶"；"颜色"工具中的"色彩平衡"；"细节"工具中的"清晰度"等参数将图片调整到合适的效果，调整完毕后，单击下方的"完成"按钮，保存图片，如图 3.1.7 所示。

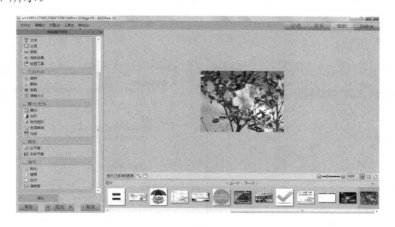

图 3.1.7　调整图片色彩

（2）调整图片大小及显示方式

打开一张图片，切换到"编辑"模式，利用"几何形状"中的"旋转""翻转""裁剪"和"调整大小"工具，可以将图片调整到满意的大小及显示方式，调整完成后，单击"完成"

按钮，保存图片。

（3）为图片添加效果

打开一张图片，切换到"编辑"模式，利用"添加"工具可以为图片添加文本、边框、绘画、晕影及特殊效果。为图片添加文本"秋天来了"，设置纹理边框、晕影效果以及"特殊效果"→"自然"→"水滴"效果，设置完毕后，单击"完成"按钮，保存图片，如图3.1.8所示。

（4）转换图片文件格式

使用ACDSee可以轻松地转换图片文件格式，操作步骤如下。

在"管理"模式下，选择要转换的图片，单击"工具"→"批量"→"转换文件格式"命令（Ctrl+F），打开"批量转换文件格式"对话框，如图3.1.9所示。

单击"下一步"按钮，进入"设置输出选项"页面，选择文件的目标位置和相关的文件选项，如图3.1.10所示。

图3.1.8　为图片添加效果

③ 单击"下一步"按钮，在显示的多页选项对话框中单击"开始转换"按钮；转换完成后，单击"完成"按钮。

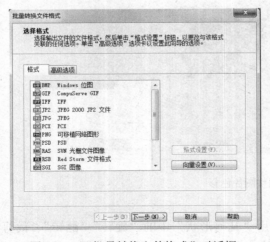

图3.1.9　"批量转换文件格式"对话框

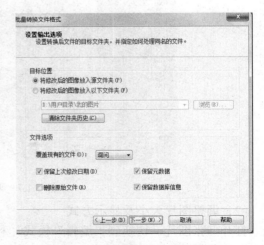

图3.1.10　"设置输出选项"页面

6．创建幻灯片放映文件

使用 ACDSee 可以将多个图片直接转换成能自动放映的幻灯片文件，操作步骤如下。

（1）在"管理"模式下，选择"工具"→"创建"→"幻灯片放映文件"菜单命令，打开"创建幻灯放映向导"对话框，如图 3.1.11 所示。

（2）选择幻灯片放映文件格式，单击"下一步"按钮，显示选择图像对话框。

（3）单击"添加"按钮，打开添加图像对话框，选择要添加的图片，单击"添加"按钮，添加完成后单击"确定"按钮。

（4）返回"选择图像"对话框，选择一个图片后，可以调整图片的先后顺序。

（5）单击"下一步"按钮，进入"设置文件特有选项"页面，如图 3.1.12 所示，单击图片右边的链接，可以设置幻灯片的转场效果、转场效果持续时间、幻灯持续时间和音频等。

图 3.1.11　"创建幻灯放映向导"对话框

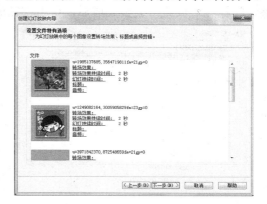

图 3.1.12　"设置文件特有选项"页面

（6）单击"下一步"按钮，进入"设置幻灯放映选项"页面，如图 3.1.13 所示，设置幻灯顺序、背景音频、页眉、页脚等。

图 3.1.13　"设置幻灯放映选项"页面

（7）单击"下一步"按钮，进入"设置文件选项"页面，设置幻灯片文件最大图像大小、输出文件名及位置、项目文件等。

（8）单击"下一步"按钮，进入"构建文件输出"页面，单击"启动幻灯放映"按钮，查看放映效果，最后单击"完成"按钮设置完成。

7. 更改文件日期

在 Windows 下更改文件的日期是很困难的事情，尤其是批量更改文件时间，用 ACDSee 软件就能够解决这个问题。

具体的操作方法如下。

（1）在 ACDSee "管理"模式下选中欲更改日期的文件，选择"工具"→"批量"→"调整时间标签"菜单命令，在对话框中选择要更改的日期，如图 3.1.14 所示，单击"下一步"按钮。

（2）在"选择新的时间标签"页面中，如图 3.1.15 所示，设置新的日期与时间，单击"调整时间标签"按钮，调整完成后，单击"完成"按钮。

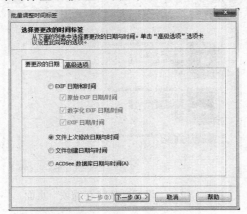
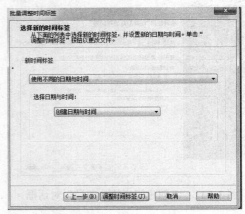

图 3.1.14　选择要更改的日期　　　　　　图 3.1.15　"选择新的时间标签"对话框

8. 创建桌面屏幕保护程序

在"管理"模式下的"文件列表"窗格中，选择一组图像，选择"工具"→"配置屏幕保护程序"菜单命令，打开"ACDSee 屏幕保护程序"对话框，如图 3.1.16 所示，可以再添加或删除图片，设置屏保参数至满意后，单击"确定"按钮。

图 3.1.16　"ACDSee 屏幕保护程序"对话框

在 Windows 的"屏幕保护程序"下拉列表中选择"ACDSee 屏幕保护程序"选项，即应用该屏幕保护程序。

典型例题

【例 1】（2015 年高考试题）ACDSee 中，要更改文件的时间和日期属性，应该选择的菜单是（　　）。

　　A．修改　　　　　B．工具　　　　　C．文件　　　　　D．编辑

答案：B

解析：在 ACDSee "管理"模式下选中欲更改日期的文件，选择"工具"→"批量"→"调整时间标签"菜单命令。

【例 2】（2011 年高考试题）小张使用数码相机拍摄的照片局部太暗，要对其进行修正且不影响其他区域，可使用 ACDSee 编辑模式中的（　　）。

　　A．色阶　　　　　B．曲线　　　　　C．自动曝光　　　　D．阴影/高光

答案：B

解析：ACDSee 编辑图片的"编辑"模式提供了多种工具，其中"曝光/光线"中的"曝光"用于调整图片的亮度、对比度和级别，色彩用于改变图像的颜色，锐化包含在清晰度项中，特效是为图片加入特殊的效果。因此本题答案为 A。

【例 3】在 ACDSee 窗口中，双击视频文件，实现的操作是（　　）。

　　A．启动 Media Player 播放该视频　　　B．显示该视频文件中的第一帧画面
　　C．使用内嵌的视频播放器播放该视频　　D．逐帧幻灯片式浏览画面

答案：C

解析：对于音频和视频文件，在 ACDSee 中直接双击即可利用其内嵌的音频/视频播放器进行播放。因此本题答案为 C。

巩固练习

一、单项选择题

1．在 ACDSee 中，双击某视频文件，实现的操作是（　　）。

　　A．启动暴风影音播放该视频　　　　　B．使用内嵌的视频播放器播放该视频
　　C．显示视频文件中的第一帧画面　　　D．能播放视频，但是没有声音

2．ACDSee 对图片的处理包括（　　）。

　　A．红眼消除　　　　　　　　　　　B．浏览、整理和分享图片
　　C．为图片添加文本　　　　　　　　D．以上全是

3．在 ACDSee 窗口中自动浏览图片时，可以设置的项目包括（　　）。

　　A．浏览图片的速度　　　　　　　　B．转场的各种效果
　　C．使用的背景颜色　　　　　　　　D．以上均是

4．在 ACDSee 中，关于浏览图片，以下做法不正确的是（　　）。

　　A．双击图片文件可进入图片浏览窗口

　　B．选中图片，按回车键也可进入图片浏览窗口

　　C．从图片浏览窗口返回 ACDSee 的主界面，可单击工具栏上"管理"按钮

　　D．从图片浏览窗口双击不能返回 ACDSee 的主界面

5．ACDSee 不可以浏览的文件格式是（　　）。

　　A．音频文件　　　　B．JPEG 图像文件　　C．视频文件　　　　D．文本文档

6．使用 ACDSee 浏览图片时，浏览下一张图片可单击工具栏上的（　　）按钮。

　　A．自动　　　　　　B．下一个　　　　　　C．前进　　　　　　D．浏览

7．关于 ACDSee，下列说法中描述错误的是（　　）。

　　A．使用"曝光/光线"工具可以修正相片过明或者过暗等细节问题

　　B．支持浏览音频或视频等媒体文件

　　C．只能从数码相机获取图片，不能从扫描仪获取图片

　　D．可以对图片文件进行编辑处理

8．在 ACDSee 中要对图片进行整理，不可能实现的操作是（　　）。

　　A．右击选择的图片，弹出的快捷菜单中选择"设置评级"按钮

　　B．选择图片后用鼠标将其拖动到"管理"窗口相应的类别中

　　C．右击选择的图片，在弹出的快捷菜单中选择"设置种类"按钮

　　D．利用"Ctrl+Shift+4"组合键打开"整理"窗口

9．在使用 ACDSee 时，不能完成的功能是（　　）。

　　A．播放音频、视频　　　　　　　　　B．转换图片文件格式

　　C．制作多媒体作品　　　　　　　　　D．为图像制作特殊效果

10．在 ACDSee 中，使用搜索功能查找图片可使用的方法是（　　）。

　　A．"工具"→"搜索"　　　　　　　　B．"视图"→"搜索"

　　C．Ctrl+Shift+4　　　　　　　　　　D．Ctrl+Shift+2

11．ACDSee 图像"编辑"模式中，要调节图片的光线，可单击"曝光/光线"工具中的（　　）选项。

　　A．曝光　　　　　　B．色彩　　　　　　C．光线　　　　　　D．色阶

12．要将图片文件制作成幻灯片，可使用（　　）菜单中的"设置屏幕保护"命令。

　　A．工具　　　　　　B．创建　　　　　　C．修改　　　　　　D．编辑

13．ACDSee 中要调整图像的大小，改变高、宽比例的方法包括（　　）。

　　A．按像素调整　　　　　　　　　　　B．按百分比调整

　　C．按实际/打印大小调整　　　　　　　D．以上均是

二、简答题

1．在 ACDSee "查看"模式下浏览图片的方法有哪些？

2．ACDSee 使用"编目"窗格如何整理图片？

3．ACDSee 中如何查找图片？

三、分析题

1．如何使用 ACDSee 对图片进行色彩调整?

2．如何使用 ACDSee 对图片进行格式转换?

3．在 ACDSee l5 中，如何创建幻灯片放映文件?

第二讲　截屏软件 Snagit

 知识要点

1．了解屏幕抓图软件 Snagit 的功能特点;
2．掌握使用 Snagit 的基本操作及技巧;
3．会用 Snagit 解决日常生活中遇到的抓图问题。

知识精讲

1．Snagit 11 软件的功能

Snagit 11 是一款功能强大的屏幕、文本和视频捕获、编辑与转换软件。可以捕获 Windows 屏幕、DOS 屏幕，RM 电影、游戏画面，菜单、窗口、客户区窗口、最后一个激活的窗口或用鼠标定义的区域。图像可以保存为 BMP、PCX、TIF、GIF、PNG 或 JPEG 格式，使用 JPEG 可指定所需的压缩级（1%~99%）。可以选择是否包括光标、添加水印，另外还具有自动缩放、颜色减少、单色转换、抖动，以及转换为灰度级功能。

此外 Snagit 11 在保存屏幕捕获的图像之前，可以用其自带的编辑器编辑；也可选择自动将其送至 Snagit 11 虚拟打印机或 Windows 剪贴板中，或直接用 E-mail 发送等。主界面如图 3.2.1 所示。

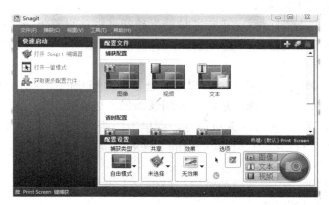

图 3.2.1　Snagit 11 主界面

2. 捕获模式设置

Snagit 11 可以通过菜单、按钮、热键进行文字、图像及视频的捕获，并且针对每种捕获模式，它提供了多种不同的捕捉方式，同时 Snagit 11 在进行每次捕捉的时候都提供了详细的操作提示，对于捕捉到的内容可以进行处理后输出。

Snagit 11 有 3 种捕获模式：图像、文本、视频，默认的是图像捕获模式。

主要捕获模式设置有以下三种方法。

（1）选择"捕获"→"模式"菜单中的相应命令。

（2）单击程序窗口右下角的相应模式按钮，即可选择一种捕获模式。

（3）在程序主界面的"捕获配置"区域，选择一种配置。如图 3.2.2 所示。

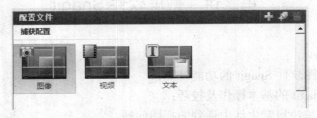

图 3.2.2 "捕获配置"区域

3. 设置捕获类型

Snagit 11 提供了全部、区域、窗口、滚动、菜单、自由绘制、全屏、对象、固定区域、剪贴板、图形文件、扩展窗口、扫描仪和照相机、活动窗口、滚动活动窗口、滚动区域、自定义滚动等 17 种捕获类型，选择不同的捕获模式时，能选择的捕获方式会不一样。

选择"捕获"→"捕获类型"菜单中的命令，或在 Snagit 程序主界面的"配置设置"区域中，单击"捕获类型"按钮，根据需要从菜单中选择一种捕获类型即可。

4. 捕获图像

捕获图像有 17 种捕获类型供选择，以下介绍几种常用的抓图方式。

（1）区域抓图

区域抓图是最常用的一种抓图，用户可以任意选定一个规则区域进行抓取。操作方法如下。

① 选择"图像"捕获模式；

② 设置捕获类型为"区域"，单击"捕获"按钮（默认设置下按"PrintScreen"键）；

③ 拖动鼠标选择要捕获的区域，松开鼠标即完成图像捕获并自动进入"Snagit 编辑器"图片预览窗口；

④ 在"Snagit 编辑器"窗口中，可以选择选项卡对捕获的图像进行处理，在"绘制"选项中为图像添加文字，在"图像"选项下为图像添加了边框效果；

⑤ 选择"文件"→"保存"菜单命令，或单击快速工具栏中的"保存"按钮；

⑥ 在"另存为"对话框中，设置图像的文件名、类型及保存位置，单击"保存"按钮。

（2）窗口抓图

窗口抓图是指抓取由用户选定的窗口，操作方法如下。

① 选择"图像"捕获模式；

② 设置捕获类型为"窗口",单击"捕获"按钮(默认设置下按"PrintScreen"键);

③ 移动鼠标到需要抓取的窗口上,单击进入"Snagit 编辑器"窗口;

④ 在"Snagit 编辑器"窗口中,可以选择选项卡对捕获的图像进行处理,在"绘制"选项中为图像添加文字,在"图像"选项下为图像添加边框效果;

⑤ 选择"文件"→"保存"菜单命令,或单击快速工具栏中的"保存"按钮;

⑥ 在"另存为"对话框中,设置图像的文件名、类型及保存位置,单击"保存"按钮。

(3)全屏抓图

全屏抓图就是抓取整个屏幕上的当前画面,设置捕获类型为"全屏"即可进行全屏抓图。具体的步骤与区域抓图类似。

(4)滚动窗口抓图

滚动窗口抓图就是抓取可以滚动的窗口或区域中的内容,操作方法如下。

① 选择"图像"捕获模式;

② 设置捕获类型为"滚动",单击"捕获"按钮(默认设置下按"PrintScreen"键);

③ 在抓图窗口出现三个图标,如图 3.2.3 所示,将鼠标放在相应的图标上单击后自动滚动窗口并抓取滚动区域内容。滚动完毕后自动进入"Snagit 编辑器"窗口;

图 3.2.3 抓图窗口

④ 在"Snagit 编辑器"窗口中,可以选择选项卡对捕获的图像进行处理,在"绘制"选项中为图像添加文字,在"图像"选项下为图像添加边框效果;

⑤ 选择"文件"→"保存"菜单命令,或单击快速工具栏中的"保存"按钮;

⑥ 在"另存为"对话框中,设置图像的文件名、类型及保存位置,单击"保存"按钮。

(5)自由抓图

自由抓图是指类似于画笔工具徒手选择要抓取的内容,操作方法如下。

设置捕获类型为"自由绘制",单击捕获按钮进入抓图状态,此时按下鼠标左键不放,移动鼠标选择抓取区域,松开鼠标即完成抓图。

5. 捕获文本

利用 Snagit 11 可以抓取屏幕上众多窗口、对话框或菜单的文字,甚至是 Windows "资源管理器"中的文件名。然后直接将它们转换为可编辑的文字。操作方法如下。

(1)选择"文本"捕获模式。

(2)设置捕获类型为"区域",单击捕获按钮,进入抓图状态。

（3）拖动鼠标选择要捕获文字的区域，松开鼠标完成捕获，进入"Snagit 编辑器"窗口。

（4）单击快速工具栏中的"保存"按钮，在"另存为"对话框中选择文件类型为"文本文件"，单击"保存"按钮。

6．捕获视频

Snagit 11 不仅可以捕获图像、文本还可以捕获视频，利用这一功能可以把屏幕上连续的画面或操作过程记录下来。Snagit 11 会把捕获的视频保存成 AVI 文件，方便以后播放。利用 Snagit 捕获视频的操作步骤如下。

（1）选择"视频"捕获模式。

（2）设置一种捕获类型，选择"包含光标"选项，这样将会在捕获范围内显示光标及鼠标的操作。

（3）单击捕获按钮，进入视频捕获窗口，拖动鼠标确定捕获区域，松开鼠标后出现窗口，通过拖动鼠标可以调整捕获区域的大小和位置。

（4）单击"录制"按钮，将开始录制捕获区域内的动作。

（5）单击"完成录制"按钮或按"Shift+F10"组合键完成录制，打开"Snagit 编辑器"窗口。

（6）单击"保存"按钮，可将捕获的视频保存为 MP4 文件。

7．同时抓取多个区域

Snagit 的"多区域"功能可以将多个区域的内容同时都抓下来，操作步骤如下。

（1）选择"图像"捕获模式。

（2）选择"区域"捕获类型，同时选择"捕获"→"捕获类型"菜单中的"多区域"选项，单击"捕获"按钮。

（3）依次拖动鼠标选择需要捕获的多个区域；捕获完成后，右击，在弹出的快捷菜单中选择"完成"命令，进入"Snagit 编辑器"窗口。

（4）单击快速工具栏中的"保存"按钮，在"另存为"对话框中选择文件类型，单击"保存"按钮。

典型例题

【例1】（2016 年高考题）用 Snagit 抓取同一窗口中的多页内容时，采用的捕获类型是（   ）。

　　A．区域　　　　　B．窗口　　　　　C．滚动　　　　　D．全屏幕

答案：C

解析：滚动窗口抓图是抓取可以滚动的窗口或区域中的内容。

【例2】（2014 年高考题）以下关于 Snagit 区域抓图说法错误的是（   ）。

　　A．是 Snagit 默认的抓图方式

　　B．可以对整个画面捕捉，也可以捕捉画面的某一部分

　　C．可以抓取圆形的画面

D．捕捉时必须通过鼠标的拖曳来确定区域

答案：C

解析：Snagit 区域抓图时一般是抓取的矩形区域。因此本题答案为 C。

巩固练习

一、单项选择题

1. 使用 Snagit 11 可以通过（　　　）方式进行捕获。

　　A．菜单　　　　　　B．按钮　　　　　　C．热键　　　　　　D．以上均可

2. Snagit 11 默认的捕获模式是（　　　）。

　　A．图像　　　　　　B．文本　　　　　　C．视频　　　　　　D．Web 捕获

3. 使用 Snagit 11 选择"（　　　）"→"模式"菜单中相应的命令可以选择捕获模式。

　　A．文件　　　　　　B．捕获　　　　　　C．视图　　　　　　D．工具

4. 使用 Snagit 11 选择"（　　　）"→"捕获类型"菜单中相应的命令可以设置捕获类型。

　　A．文件　　　　　　B．捕获　　　　　　C．视图　　　　　　D．工具

5. 在 Snagit 11 程序主界面的"（　　　）"区域中单击"捕获类型"按钮，可以选择一种捕获类型。

　　A．捕获配置　　　　B．配置设置　　　　C．快速启动　　　　D．工具栏

6. 在 Snagit 11 中进行区域抓图时，用户可以任意选定一个（　　　）区域进行抓取。

　　A．矩形　　　　　　B．圆形　　　　　　C．圆角矩形　　　　D．椭圆

7. 在 Snagit 11 的"另存为"对话框中，可以设置图像的（　　　）。

　　A．文件名　　　　　B．类型　　　　　　C．保存位置　　　　D．以上均可

8. 在 Snagit 11 中进行窗口抓图时，用户应设置捕获类型为（　　　）。

　　A．全部　　　　　　B．区域　　　　　　C．窗口　　　　　　D．滚动

9. 在 Snagit 11 中进行窗口抓图时，移动鼠标到需要抓取的窗口上，（　　　）鼠标进入"Snagit 编辑器"窗口。

　　A．双击　　　　　　B．单击　　　　　　C．滚动　　　　　　D．三击

10. 在 Snagit 11 中进行自由抓图时，用户应设置捕获类型为（　　　）。

　　A．全部　　　　　　B．区域　　　　　　C．窗口　　　　　　D．手绘

11. 在 Snagit 11 中可以抓取（　　　）中的文字。

　　A．屏幕上众多窗口　　　　　　　　　　B．对话框或菜单

　　C．Windows 资源管理器中的文件名　　D．以上均可

12. 利用 Snagit 11 同时抓取多个区域，在 Snagit 主界面中选择"区域"捕获类型，同时选择"捕获"→"捕获类型"菜单中的"（　　　）"选项。

　　A．全部　　　　　　B．区域　　　　　　C．多区域　　　　　D．菜单

13. 对 Snagit 描述错误的是（　　　）。

　　A．可以捕获 Windows 屏幕、DOS 屏幕、RM 电影、游戏画面、菜单、窗口、客户区窗口、最后一个激活的窗口或用鼠标定义的区域

B．图像可以保存为 BMP、PCX、TIF、GIF、PNG、JPEG 格式

C．进行窗口抓取时，需要用鼠标拖曳确定窗口的范围

D．要抓取网页的全部内容，可以使用滚动窗口抓取方式

14．利用 Snagit 11 批量转换图像格式，在"Snagit 编辑器"窗口中，选择"文件"→"（　　　　）"菜单命令。

    A．新建　　　　　　B．打开　　　　　　C．转换图像　　　　D．资源

15．以下关于 Snagit 区域抓图说法错误的是（　　　　）。

    A．是 Snagit 默认的抓图方式

    B．可以对整个画面捕捉，也可以捕捉画面的某一部分

    C．可以抓取圆形的画面

    D．捕捉时必须通过鼠标的拖曳来确定区域

二、简答题

1．怎样选择 Snagit 11 的捕获模式？

2．如何使用 Snagit 11 抓取文字？

三、综合题

小王想把 ACDSee15 的一些相关操作过程录制下来，通过网络与他人分享，请使用软件 Snagit 进行录制，保存到 F 盘，文件名为"ACDSee15 操作过程"，保存类型为.mp4，请你帮他写出操作步骤。

第三讲　屏幕录像机 Flash Cam

 知识要点

1．了解 Flash Cam 的功能特点；

2．掌握 Flash Cam 的基本操作及技巧。

知识精讲

一、Flash Cam 简介

Flash Cam 是典型的 Flash 影像捕获工具，是一个非常方便的用来制作演示文件的软件。

它能把屏幕的操作行动录制为 Flash 文件，可以编辑或删除记录的图片，将捕获的影像连接成 SWF 文件，还可插入标题文字、录制旁白声音、划定鼠标轨迹、制作出 HTML+FSWF 文件，让用户轻松制作演示教程，并通过网络与他人分享，是软件教学的最佳选择。

二、Flash Cam 的使用

1. 捕获设置

（1）在 Flash Cam 主界面选择"选项"→"录制选项"命令，弹出"录制选项"对话框，如图 3.3.1 所示，勾选需要的选项，单击"保存"按钮，确定录制选项设置。

（2）新建电影。双击主界面窗口中的"新建电影"图标，弹出"录制电影"对话框，在"屏幕捕获大小"下拉框中选择屏幕捕获的大小，即图像分辨率。

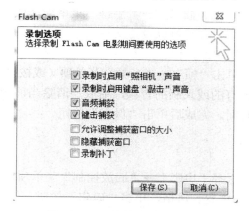

图 3.3.1　"录制选项"对话框

（3）单击"下一步"按钮开始录制电影。

注意："屏幕捕获大小"与显示器的分辨率一致时，就能录制全屏幕文件。

2. 捕获屏幕

（1）开始录像后，桌面任务栏右方会显示 Flash Cam 的图标，用户进行一些需要的演示操作时，整个操作过程都将被 Flash Cam 录制下来，每单击一次，就会生成一帧。

（2）单击任务栏中的 Flash Cam 图标，可结束录制；单击"任务加载"项目中的"录制新的电影"选项，选择"录制"选项，单击"下一步"按钮，可继续为该电影添加新的帧。

注意：为了获得最佳效果，应该隐藏桌面图标和任务栏，最小化不必要的窗口，留出干净的捕获背景。

3. 修改捕获图像

捕获结束后，自动弹出窗口，窗口中列出了所有捕获到的图像，每一幅图像就是一帧，单击选中的一帧，通过右键快捷菜单可以对该帧进行复制、删除、添加音频等操作，如图 3.3.2 所示。

双击某一帧，可以进入该帧的编辑窗口，可以编辑帧的鼠标移动、字幕、音频等，音频可以是即时录制的 MP3，也可是硬盘上的 WAV 或 MP3 文件。

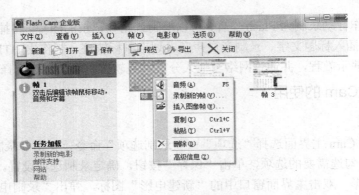

图 3.3.2　右键快捷菜单

为帧添加字幕的方法：单击"插入"→"字幕"菜单项，在弹出的"字幕属性"对话框中，可以编辑其中的注释文字，并且可以设置文字的字体大小、边框样式、注释显示的时间长度，设置完成后，单击"确定"按钮。

为帧添加音频的方法：单击"帧"→"音频"菜单项（或按"F5"键），在弹出的"音频选项"对话框中，可加入已有的或录制的音频，播放、清除当前设置的音频文件，并可看到音频文件的格式、大小和时间，完成后单击"保存"按钮。

4．影片属性设置

（1）添加影片播放按钮

在捕获完毕的窗口中，选择"电影"→"回放控制"菜单项，打开"回放控制"对话框，如图 3.3.3 所示，选择按钮的位置、风格，单击"确定"按钮。

图 3.3.3　"回放控制"对话框

（2）编辑帧的特效

在捕获完毕的窗口中，选择"电影"→"参数选择"菜单项，打开"电影参数选择"对话框，如图 3.3.4 所示，可以对每一帧的鼠标动作、键盘动作、文字标题的显示时间和帧与帧之间的过渡做更改。

（3）编辑电影开始和结束效果

在捕获完毕的窗口中，选择"电影"→"开始和结束"菜单项，打开"电影开始和结束"

对话框，如图 3.3.5 所示，可以选择一个用来显示影片载入进程的载入文件和设定影片播放完毕后的行为，有"停止电影""循环电影""关闭浏览器窗口"和"转到电影末端的 URL"4 种选择。设置完毕后，单击"保存"按钮。

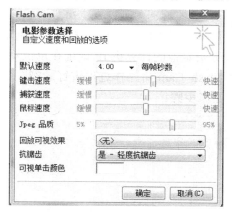

图 3.3.4　"电影参数选择"对话框

图 3.3.5　"电影开始和结束"对话框

5．影片的保存与输出

对做好的 Flash 影片，Flash Cam 提供多种方式进行影片输出。

单击"文件"→"保存"菜单项，打开"方案选项"对话框，设置影片名称，单击"保存"按钮，保存影片，以备日后查看、修改影片。

单击"文件"→"导出"菜单项，打开"导出选项"对话框，可以选择输出到 Movie、Outlook、Outlook Express、Word 程序中，也可以输出扩展名为.exe 的可执行文件，甚至可以直接上传到 FTP 服务器。

6．操作技巧

添加"鼠标单击框"。为了突出某个具体操作步骤，可以通过"插入"菜单，给影片添加"字幕""加亮框"和"鼠标单击框"等操作。

在 Flash Cam 主界面，双击打开需要添加"鼠标单击框"的帧。依次选择"插入"→"单击框"选项，这时在当前帧中出现一个单击框，将"单击框"调整大小后拖放到需要操作的位置即可。单击工具栏中的"预览"按钮，在浏览器中，将鼠标移到有"单击框"的位置，鼠标指针会变成一个"手"形，这时只有单击了鼠标以后，动画才会继续播放。

典型例题

【例 1】（2016 年高考题）利用 Flash Cam 将 ACDSee 中制作自动播放文件操作过程录制下来，在影片的中下方插入播放控制按钮，保存为"制作方法.swf"文件。

答案：① 启动 Flash Cam，在主界面中单击"选项"——"录制选项"，设置选项，单击"保存"。

② 在主界面双击"新建电影"，弹出"录制电影"对话框，设置屏幕捕获大小，单击"下一步"，开始录制。

③ 启用 ACDSee，开始制作自动播放文件，鼠标每单击一次生成一帧，录制完毕，单击

任务栏的 Flash Cam 图标结束录制。选择"电影"——"回放控制"，在对话框中选择按钮风格并设置位置为"中下"，单击"确定"。

④ 单击"文件"——"导出"，在"导出选项"对话框中选择"Movie"，单击"下一步"，设置文件名为"制作方法"，单击"保存"。

【例 2】（2014 年高考题）小李师傅的笔记本计算机在家里使用时一切正常，带到单位使用时发现不能上网，小李电话咨询单位的网管，网管分析是他的计算机 IP 地址在单位不适用，让他将 TCP/IP 的设置更改为如图 3.3.6 所示。请用 Flash Cam 将操作过程进行录制，屏幕分辨率为 800*600，保存为"IP 地址设置.swf"，写出操作步骤。

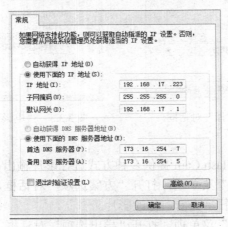

图 3.3.6　TCP/IP 设置

答案： ① 双击 Flash Cam 主界面窗口的"新建电影"图标，弹出对话框，设置屏幕捕捉的分辨率为 800*600，单击"下一步"按钮，出现虚线框的捕捉窗口；
② 操作结束后单击任务栏的 Flash Cam 图标，结束捕捉记录；
③ 单击"文件"→"导出"菜单项，弹出"导出选项"对话框，选择保存为"IP 地址设置.swf"。

解析： 本题考查了利用 Flash Cam 制作演示文件的基本操作步骤。

 **巩固练习**

一、单项选择题

1. 在 Flash Cam 主界面中没有的菜单项是（　　）。
　　A. 查看　　　　　　B. 设置　　　　　　C. 电影　　　　　　D. 文件
2. 在 Flash Cam 的"电影参数"选择对话框中，不能进行的操作是（　　）。
　　A. 更改每一帧的鼠标动作　　　　　　B. 更改文字标题的显示时间
　　C. 更改帧与帧的过渡　　　　　　　　D. 更改屏幕捕捉大小
3. 利用 Flash Cam 不可以制作出的文件是（　　）。
　　A. .swf　　　　　　B. .doc　　　　　　C. .exe　　　　　　D. .txt
4. 关于 Flash Cam，下列说法错误的是（　　）。

　　A．Flash Cam 是典型的 Flash 影像捕获工具

　　B．它能把屏幕的操作行动录制为 Flash 文件

　　C．可以删除但不能编辑记录的图片

　　D．可插入标题文字、录制旁白声音

5．关于 Flash Cam 的捕获，下列说法错误的是（　　）。

　　A．允许调整捕获窗口的大小　　　　　　B．不能隐藏捕获窗口

　　C．可以进行音频捕获　　　　　　　　　D．录制时可以启用键盘敲击声音

6．关于录制全屏幕文件，下列说法正确的是（　　）。

　　A．"屏幕捕获大小"与显示器的分辨率一致时，就能录制全屏幕文件

　　B．"屏幕捕获大小"大于显示器的分辨率时，就能录制全屏幕文件

　　C．"屏幕捕获大小"小于显示器的分辨率时，就能录制全屏幕文件

　　D．不能录制全屏幕文件

7．为电影添加帧，以下说法正确的是（　　）。

　　A．只能在已建电影的末端添加帧

　　B．只能从当前帧处添加帧

　　C．双击 Flash Cam 主界面中的"新建电影"图标，可以添加帧

　　D．打开要添加帧的电影，选择"任务加载"项目中的"录制新的电影"可以添加帧

8．在 Flash Cam 中，为帧添加的音频文件可以是（　　）。

　　A．MP3　　　　　　B．WMA　　　　　　C．MPEG 音频　　　　D．MIDI

9．不属于影片播放完毕后的行为的是（　　）。

　　A．停止电影　　　　　　　　　　　　　B．循环电影

　　C．从第 x 帧处开始播放电影　　　　　　D．关闭浏览器窗口

10．下列操作不能为帧添加音频的是（　　）。

　　A．"帧"→"音频"

　　B．"插入"→"音频"

　　C．右击帧，从弹出的快捷菜单中选择"音频"选项

　　D．选中某帧按"F5"键

二、简答题

1．如何对 Flash Cam 进行捕获设置？

2．如何对 Flash Cam 的影片添加影片播放按钮？

3．如何为 Flash Cam 捕获到的影片添加音频？

4．为 Flash Cam 捕捉到的影片添加"鼠标单击框"？

多媒体处理工具

1．了解多媒体的概念及流媒体技术的相关知识；

2．掌握暴风影音的使用方法和操作技巧；

3．掌握格式工厂的使用方法和操作技巧；

4．掌握音频处理软件 GoldWave 的使用方法和操作技巧；

5．会用暴风影音、格式工厂、GoldWave 等工具软件解决实际问题。

第一讲　多媒体基础知识及暴风影音的播放

知识要点

1．了解多媒体的概念及分类；

2．识记流媒体的概念，流媒体技术的实现原理及常用流媒体播放工具；

3．掌握暴风影音的播放操作。

 知识精讲

1．多媒体基础知识

（1）多媒体的概念。多媒体就是指能够同时采集、处理、编辑、存储和展示两种或两种以上不同类型信息媒体的技术，这些信息媒体包括文字、声音、图形、图像、动画和活动影像等。

（2）多媒体大致分为声音、图形、静态图像、动态图像等几类。

（3）常见的多媒体文件格式。动画文件格式：GIF、SWF、FLIC；音频、视频文件格式：WAVE、MPEG 音频（MPl、MP2、MP3）、MP4、音乐 CD、WMA、MIDl、AVI、ASF、DIVX、MPEG 视频（MPEG、MPG、DAT）、RealAudio（RA、RM、RAM）、MOV。

2．流媒体技术

（1）流媒体概念：是指在 Internet/Intranet 中使用流式传输技术的连续时基媒体。

（2）流媒体播放实际上是网络下载与多媒体播放的合成。当单击网页上的播放链接时，将自动启动流媒体播放工具，并以比较恒定的传输速率下载媒体文件，下载完毕后在本地计算机上播放。

（3）流媒体技术的实现原理。

服务器在向用户传输多媒体文件时，不是一次将文件整体发送出去，而是先按播放的时间顺序将其分为小的片段，类似于图像中的帧，然后将这些片段依次发给用户。用户的流媒体播放工具接收到这些片段后，连续播放这些片段，就可以产生完整的声音和图像，只是开始时有些延迟。

3．采用流媒体技术的音视频文件

目前，采用流媒体技术的音视频文件主要有三大"流派"。

（1）微软的 ASF，这类文件的后缀是 .asf 和 .wmv，与它对应的播放器是微软公司的"Media Player"。

（2）RealNetwork 公司的 RealMedia，它包括 RealAudio、RealVideo 和 RealFlash 三类文件。其中 RealAudio 用来传输接近 CD 音质的音频数据，RealVideo 用来传输不间断的视频数据，RealFlash 则是一种高压缩比的动画格式，这类文件的后缀是 .rm，文件对应的播放器是"RealPlayer"。

（3）苹果公司的 QuickTime，这类文件后缀通常是 .mov，它所对应的播放器是"Quicktime"。此外，MPEG、AVl、DVI、SWF、FLV、3GP 等都是适用于流媒体技术的文件格式。

4．常用的多媒体工具软件

暴风影音、视频播放器 QuickTime、酷我音乐盒、格式工厂、影音工具酷和音频处理软件 GoldWave 等。

5．暴风影音 5 的特点

暴风影音 5 有全新的程序架构，配合各功能调度调优，启动快了 3 倍，硬件播放核心大升级，打开高清电影的速度大幅提升，特别研发、专门设计的"极速皮肤"速度和视觉的双重"快"体验，在线影视剧以合集方式呈现，查找更方便。

"左眼"技术，能显著提升画质。"左眼"技术实现原理：①清晰度增强，对每幅画面每个元素进行详细分析，准确找到图像中的物体边缘，进行轮廓锐化和纹理重写，提升画面清晰度；

②动态色彩是一套根据每幅画面色彩结构进行自适应调节模型，其中包含色度、亮度、饱和度、对比度四个参数。

6．播放的基本操作

（1）播放影音文件的方法

① 在播放窗口单击"打开文件"按钮或单击下拉列表，选择"打开文件"命令，如图 4.1.1 所示，在"打开"对话框中选择要播放的一个或多个影音文件，选择完毕后，单击"打开"按钮，文件将出现在播放列表中并开始播放。

② 选择主菜单中的"文件"→"打开文件"选项或单击播放主窗口下方播放器控制栏中的"打开文件"选项，来选择要播放的文件。

③ 如果选择"打开文件夹"命令，根据提供的文件夹位置，自动搜索出能播放的影音文件，添加到播放列表中，双击要播放的文件或单击"播放"按钮即可播放。

图 4.1.1 "打开文件"下拉列表

④ 如果选择"打开 URL"命令，弹出"打开 URL 地址"对话框，在"打开"文本框中输入互联网媒体文件地址或局域网媒体文件地址，单击"确定"按钮即可播放。

⑤ 如果文件被关联，可直接双击音视频文件来播放该文件，或选中音视频文件，直接拖放到暴风影音的播放窗口即可播放；或选中音视频文件，拖放到暴风影音的快捷图标上松开左键，暴风影音程序启动，并播放影音文件。

⑥ 将 DVD 光盘放入 DVD 驱动器中，选择"文件"→"打开碟片/DVD"菜单中相应的命令便可方便快捷地欣赏 DVD 影视节目了。

（2）播放在线影音文件

单击"在线影视"选项卡，在播放列表中呈现分类别的项目，根据自己的喜好可以进行逐级选择，或在搜索栏中输入想要看的影视节目的名字，暴风影音自动将搜索结果显示在下面，双击搜索结果即可播放。

暴风盒子是暴风网际公司发布的在线视频服务的正式产品，作为中国第一个网络视频指南，暴风盒子集中体现了"聚合、指南、推送"的服务模式。

操作方法： ① 单击主界面右下角的"暴风盒子"按钮或按"Ctrl+B"组合键来打开暴风盒子。

② 在选项卡中选择相应的类别后再细化甄选自己喜爱的视频节目，或者在搜索栏中输入要搜索的内容，单击"搜索"按钮。

③ 在搜索结果中单击"播放视频"或"播放本专辑"按钮来播放视频，或单击"添加视频"按钮，将视频节目单添加到播放列表中。

（3）播放控制

① 在主界面下方的控制栏中提供了播放、停止、上一个、下一个、静音开关和音量调节笔按钮，可以利用这些按钮，实现对播放影音状态的控制。

② 在主菜单中选择"播放"→"播放控制"菜单，打开"播放控制"菜单，可选择"正常速度"播放影视文件，也可选择加速/减速播放，或快进/快退。

③ 如果播放 Flash 动画文件时方便观看动画，可单击"上一帧"或"下一帧"命令，逐帧播放动画片中每个细微的画面。

（4）AB 点重复

在影片播放过程中想重复播放某一片段，可使用"AB 点重复"功能来达到这一要求。

拖动播放滑块到指定位置，单击主菜单的"播放"→"AB 点重复"→"设置 A 点"，即在播放进度条上出现 A 字样，用同样的操作方法，再设置 B 点，影视文件就在设置的 AB 点间重复播放了。

（5）播放模式和播放后操作

① 单击主菜单，选择"播放"→"循环模式"命令，打开子菜单，其中包括"顺序播放""单个播放""随机播放""单个循环"和"列表循环"，如图 4.1.2 所示，根据播放的内容选择相应的播放模式即可。

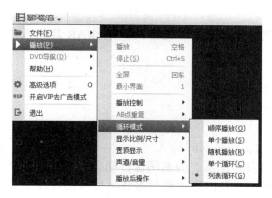

图 4.1.2　"循环模式"子菜单

② 单击主菜单，选择"播放"→"播放后操作"命令，打开子菜单，其中包括"休眠""关机""退出播放器""定时关机"和"无操作"，如图 4.1.3 所示。

图 4.1.3　"播放后操作"子菜单

典型例题

【例 1】（2016 年高考题）在暴风影音中，要解决播放时声音与画面不同步的问题，应在播放画面右上角选择（　　）。

　　A．音频调整　　　　B．画质调节　　　　C．字幕调节　　　　D．播放调节

答案：A

解析：有些视频文件画面与声音存在不同步问题，可单击播放画面右上角的"音频调节"弹出"音频调节"对话框，更改"声音提前"或"声音延后"来进行调节。

【例2】（2014）以下关于几个常用软件的说法，错误的是（　　　）。

    A．使用 WinRAR 软件可以解压 MP3 格式的文件

    B．使用 Snagit 可以生成 AVI 格式的文件

    C．使用一键 Ghost 可以生成 GHO 格式的文件

    D．使用迅雷可以下载 RAR 格式的文件

答案：A

解析：MP3 文件使用音乐播放器才能播放，WinRAR 只能压缩和解压文件本身。因此本题的答案为 A。

巩固练习

一、单选题

1．下列关于多媒体的说法错误的是（　　　）。

    A．多媒体分为声音、图形、静态图像、动态图像等几大类

    B．流媒体播放实际上是网络下载与多媒体播放的合成

    C．人们采用各种编码方式对原始数据进行压缩处理，就出现了各种多媒体文件格式

    D．多媒体是指能够同时采集、处理、编辑、存储和展示一种或多种不同类型媒体的技术

2．下列不属于多媒体软件的是（　　　）。

    A．GoldWave   B．格式工厂   C．AdobeReader   D．暴风影音

3．体积小巧、CPU 占用率低、视频质量良好，目前在网络上盛行的流媒体格式是（　　　）。

    A．MOV   B．ASF   C．3GP   D．FLV

4．MP4 的简化版本，减少了存储空间，频宽需求较低，适合在手机上使用的流媒体格式为（　　　）。

    A．3GP   B．FLV   C．WMV   D．AVI

5．暴风影音默认的老板键是（　　　）。

    A．Alt+S   B．Alt+Z   C．Ctrl+S   D．Ctrl+Z

6．下列关于暴风影音的说法中错误的是（　　　）。

    A．暴风影音可以实现本地播放、在线点播、在线直播、视频搜索等多种服务功能

    B．暴风影音可以重复播放影片中的某一片段

    C．播放媒体文件时，可以在主界面上右击实现文件的播放和暂停

    D．截屏时默认的保存格式为 JPG，可通过截图设置将保存格式修改为 BMP 格式

7．在使用暴风影音欣赏影片时，在画面播放窗口处单击，实现的操作是（　　　）。

    A．静音   B．截屏   C．播放/暂停   D．全屏/退出全屏

8．在使用暴风影音欣赏影片时，滚动鼠标滚轮，可实现的操作是（　　　）。

    A．调节音量大小 B．调节屏幕亮度   C．调节屏幕对比度 D．调节播放窗口大小

9. 下列不属于暴风影音"循环模式"选项的是（　　　）。

A．顺序播放　　　　B．单个循环　　　　C．乱序播放　　　　D．列表循环

10. 下列不属于暴风影音"播放后操作"选项的是（　　　）。

A．关机　　　　　　B．重新启动　　　　C．定时关机　　　　D．无操作

二、简答题

1. 流媒体技术的实现原理是什么？

2. 使用哪些方法可以播放影音文件？

三、案例分析题

1. 在暴风影音中播放某一影片时，如何设置要重复播放的精彩片断？

2. 在暴风影音中如何进行选择播放模式和播放后操作？

第二讲　暴风影音的其他操作

知识要点

1. 掌握暴风影音的基本操作；

2. 掌握暴风影音的操作技巧；

3. 会用暴风影音处理日常生活中遇到的一些问题。

知识精讲

1. 画面的基本设置

（1）全屏播放

进入全屏播放的方法有：①在播放窗口双击；②单击屏幕左上角的"全屏"按钮；③单击主菜单，选择"播放"→"全屏"命令，按回车键。

（2）显示比例设置

单击主菜单，选择"播放"→"显示比例/尺寸"命令，包括原始比例、按 16∶9 比例显示、铺满播放窗口、按 4∶3 比例显示。根据播放文件的具体情况，可选择相应的显示比例。

（3）截取影片图像

对播放的视频，在需截取画面时，单击"暴风工具箱"按钮，选择"截图"按钮或按快捷键"F5"键，单击主菜单"高级选项"→"常规设置"→"截图设置"命令，可设置所截图像保存的路径和格式，默认保存格式为 JPG；并可设置连拍图像的张数。

（4）开启"左眼键"

单击主窗口左下角的"左眼键"按钮，开启"左眼"功能，实现画面的清晰度增强和动态色彩，显著提升画质。

（5）画质调节

单击播放画面右上角的"画质调节"按钮，可进行亮度、对比度、饱和度、色彩等调节，可选择显示比例，进行图像翻转设置，也可进行播放画面的平移和缩放，单击相应方向的按钮即可，如果调整过位时单击中间的"重置"按钮复位。

2．声音的调节

单击播放画面右上角的"音频调节"按钮，弹出"音频调节"对话框，当前播放的文件已经调节到最大音量时，如果音量仍然不够，可以通过此功能把音量放大 10 倍。根据需要，在声道处选择默认、左声道、右声道。

有些视频播放时存在画面与声音不同步的问题，可通过"声音提前"和"声音延后"来调节。

3．字幕的设置

单击播放窗口的"字幕调节"，弹出"字幕调节"对话框，可进行载入字幕操作，调整字幕的同步效果，可以对字幕的字体、字号、颜色、边框、阴影等进行设置，还可以调整字幕在播放窗口的位置，如果调整过位时单击中间的"重置"按钮复位。

4．播放列表的设置

（1）单击主窗口下方控制栏中的"打开（或关闭）播放列表"按钮来显示或隐藏播放列表，或按快捷键 Ctrl+P 也可以。

（2）在播放列表的右上角有四个按钮 ，它们分别是添加到播放列表、从播放列表删除、清空播放列表和播放模式选择，单击"添加"按钮，弹出"打开"对话框，选择媒体文件后单击"打开"按钮，要播放的文件就出现在播放列表中了，选中后右击，在弹出的快捷菜单中，可选择播放或删除，也可选择"保存播放列表"命令，打开"另存为"对话框，输入播放列表的名称，文件类型为 SMPL，单击"保存"按钮完成保存。如果原来有保存的播放列表，可选择"载入播放列表"命令，将保存过的播放列表调出进行播放。

5．高级选项的设置

在暴风影音主菜单中选择"高级选项"命令，即可打开"高级选项"对话框，如图 4.2.1 所示。

（1）在"常规设置"选项卡中，单击左窗格中的"文件关联"选项，单击"+"号来展开所选格式，在文件格式前的方框中确认是否勾选，或单击下方的"全选""全不选"或"默认"按钮，最后单击"确定"按钮即可。

（2）在"常规设置"选项卡中，单击左窗格中的"热键"选项，可勾选"开启老板键"，对下面的一些功能键进行查询，也可根据个人习惯来自定义各种操作的快捷键，最后单击"确定"按钮。

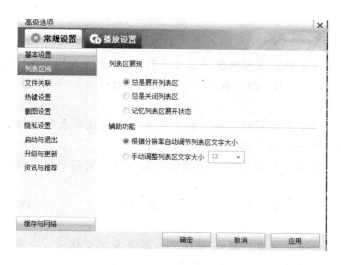

图 4.2.1　"高级选项"对话框

6. 操作技巧

（1）快速切换播放/暂停

播放媒体文件时，在主界面上可以直接单击实现文件的播放和暂停。

（2）巧用老板键

使用"Alt+S"组合键，不但可以隐藏暴风影音，桌面和任务栏上还干干净净，而且播放的影片还可自动在老板模式下暂停。再按一次"Alt+S"组合键可将暴风影音恢复。

（3）连续剧自动播放

把需要播放的文件拖入播放器中，单击"高级选项"命令，在弹出的对话框中选择"播放设置"选项卡，如图 4.2.2 所示，选择"常规播放"中的"基本播放设置"设置页面，勾选"自动添加相似名称的文件到列表"复选框，单击"确定"按钮，播放器将自动连续播放。

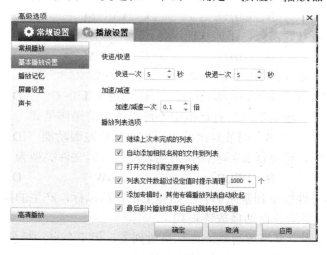

图 4.2.2　"播放设置"选项卡

典型例题

【例1】（2015年高考题）在暴风影音5中，打开/关闭播放列表的快捷键是（　　　）。

　　A．Ctrl+S　　　　　B．Ctrl+B　　　　　C．Ctrl+F　　　　　D．Ctrl+P

答案：D

解析：单击主窗口下方控制栏中的"打开（关闭）播放列表"按钮来显示或隐藏播放列表，或按快捷键Ctrl+P也可以。因此本题答案为D。

【例2】（2011年高考题）使用暴风影音欣赏影片时，想截取精彩画面，可以在画面播放处按下默认的快捷键（　　　）。

　　A．F5　　　　　　B．F6　　　　　　C．F7　　　　　　D．F8

答案：A

解析：暴风影音的快捷键有：播放/暂停——单击或按空格键，全屏/退出全屏——双击，升高/降低音量——滚轮向前/向后滚动，截屏——F5，静音——Ctrl+M，老板键——Alt+S。

巩固练习

一、单选题

1. 下列不属于暴风影音"显示比例/尺寸"选项的是（　　　）。

　　A．原始比例　　　　　　　　　　　B．按16:10比例显示

　　C．按4:3比例显示　　　　　　　　D．铺满播放窗口

2. 暴风影音中，要手动载入字幕，可按快捷键（　　　）。

　　A．F5　　　　　　B．F6　　　　　　C．F7　　　　　　D．F10

3. 暴风影音中，打开播放列表的快捷键是（　　　）。

　　A．Ctrl+B　　　　　B．Ctrl+L　　　　　C．Ctrl+M　　　　　D．Ctrl+P

4. 暴风影音中，打开暴风盒子的快捷键是（　　　）。

　　A．Ctrl+B　　　　　B．Ctrl+L　　　　　C．Ctrl+M　　　　　D．Ctrl+P

5. 暴风影音中，要取消AB点重复播放，可按快捷键（　　　）。

　　A．Ctrl+Shift+A　　B．Ctrl+Shift+B　　C．Ctrl+Shift+C　　D．Ctrl+Shift+D

6. 在暴风影音的"画质调节"对话框中不可以进行的操作是（　　　）。

　　A．调节亮度　　　　B．调节对比度　　　C．开启左眼功能　　D．翻转画面

7. 在暴风影音中，可将播放列表保存为列表文件，其文件类型为（　　　）。

　　A．SMPL　　　　　B．BFLB　　　　　C．LBWJ　　　　　D．SNMP

8. 将一个视频文件拖曳到暴风影音的图标上，释放鼠标，产生的操作是（　　　）。

　　A．启动暴风影音并自动播放该视频

　　B．启动暴风影音并将该视频添加到播放列表，但不会自动播放，需要双击才能播放

　　C．该文件会被上传到暴风影音的影视库中

　　D．不会产生任何操作

9. 在使用暴风影音播放视频的过程中，下列操作不能进入全屏播放状态的是（　　　）。
  A．按"Enter"键　　　　　　　　B．单击屏幕左上角的"全屏"按钮
  C．按"Ctrl+Enter"组合键　　　　D．在播放窗口双击

10. 在使用暴风影音播放视频的过程中，升高/降低音量使用的快捷键是（　　　）。
  A．单击　　　　　　　　　　　　B．双击
  C．滚轮向前/向后滚动　　　　　　D．F5

二、简答题

1. 在暴风影音中如何载入字幕？

2. 在暴风影音中如何实现连续剧的自动播放？

3. 如何在暴风影音中创建自己喜爱影视剧的播放列表？

第三讲　格式工厂

知识要点

1. 了解格式工厂的特点；
2. 掌握格式工厂的基本操作及技巧；
3. 能使用格式工厂处理相关问题。

一、格式工厂的功能和特点

格式工厂（Format Factory）是一套免费使用任意传播的万能多媒体格式转换软件，以实现大多数视频、音频以及图像不同格式之间的相互转换。转换可以具有设置文件输出配置，增添数字水印等功能。

其功能有：所有类型视频转到 MP4、3GP、AVl、RMVB、MKV、WMV、MPG、VOB、FLV、SWF、MOV 格式；所有类型音频转到 MP3、WMA、FLAC、AAC、MMF、AMR、M4A、M4R、OGG、MP2、WA 格式；所有类型图片转到 JPG、PNG、ICO、BMP、GIF、TIF、PCX、TGA 格式；支持多种移动设备；转换 DVD 到视频文件，转换音乐 CD 到音频文件；DVD/CD 转到 ISO/CSO、ISO 与 CSO 互转；支持视频合并、音频合并、音视频混流和多媒体文件信息等。

二、格式工厂的使用

1．主界面介绍

（1）格式转换功能列表

在格式工厂主界面左侧提供了五项功能列表，如图 4.3.1 所示，在进行格式转换前要选择相应的类型，例如，想要执行视频格式转换，只要单击功能列表中的"视频"栏，在弹出的下拉列表中选择要转换成的格式即可。

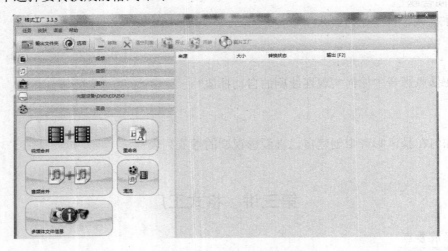

图 4.3.1　格式工厂主界面

（2）工具栏按钮

格式工厂主界面工具栏上主要有 6 个工具按钮：输出文件夹、选项、移除、清空列表、停止、开始/暂停，它们的作用分别是查看输出文件夹、选项设置、移除所选任务、清空列表、停止转换任务、开始/暂停转换任务等。

2．视频格式转换

这里以转换成 MP4 格式为例介绍视频格式的转换方法。

（1）在格式工厂主界面中，单击"视频"功能列表，选择"->MP4"选项，打开"->MP4"对话框。

（2）单击"添加文件"按钮，弹出"打开"对话框，选择需转换格式的视频文件，单击"打开"按钮，或单击"添加文件夹"按钮，将所选文件夹中的所有视频文件自动添加到文件列表中。

（3）根据需要设置以下各选项。

① 单击"选项"按钮，弹出"视频截取"对话框，如图 4.3.2 所示，使用播放窗口下方的操作按钮对视频进行播放控制，在合适的起始位置单击截取片断区域中的"开始时间"按钮，在结束位置单击"结束时间"按钮，勾选"画面裁剪"复选框，在播放窗口中拖动鼠标会出现红色方框，拖动方框至合适大小及位置后松开鼠标，方框内区域即为裁剪后的视频区域，在源音频频道处选择声道，缺省值为立体声，设置完毕后单击"确定"按钮即可。

图 4.3.2　"视频截取"对话框

② 单击"输出设置"按钮，弹出"视频设置"对话框，对输出的画面大小、视频流、音频流、附加字幕、水印等进行设置，设置完成后单击"确定"按钮。

③ 单击界面下方的"输出文件夹"下拉列表，设置视频格式转换后的保存位置。

（4）各项设置完成后，返回格式工厂主界面，单击工具栏的"开始"按钮，视频格式开始转换并显示进度，转换结束后显示"完成"。

3．音频格式转换

格式工厂对音频文件进行格式转换的操作与视频格式转换类似。

4．图片格式转换

以转换成 PNG 格式为例介绍图片格式转换的方法。

（1）在格式工厂主界面中，单击"图片"功能列表，如图 4.3.3 所示选择"->PNG"选项，弹出"->PNG"对话框。

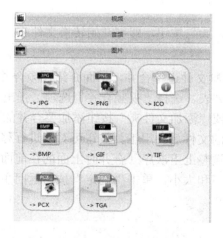

图 4.3.3　"图片"功能列表

173

（2）单击"添加文件"或"添加文件夹"按钮，添加图片。

（3）单击"输出配置"按钮，在弹出的对话框中可以对图片的大小、大小限制、旋转、标记字符串及水印等进行设置，设置完毕后单击"确定"按钮。

（4）返回主界面窗口，单击格式工厂工具栏的"开始"按钮进行格式转换即可。

5．DVD 转视频文件

在光驱设备功能列表中可以实现的转换有：DVD 转到视频文件、音乐 CD 转到音频文件、DVD/CD 转到 ISO/CSO、ISO 与 CSO 互转。

这里以 DVD 光盘文件转换成 ISO 镜像为例介绍该转换方法。

（1）将光盘放入光驱。

（2）选择"光驱设备\DVD\CD\ISO"功能列表，如图 4.3.4 所示，选择"DVD/CD 转到 ISO/CSO"选项，打开"DVD/CD 转到 ISO/CSO"对话框。

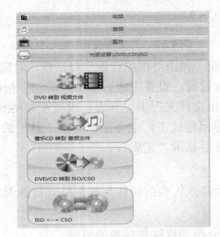

图 4.3.4 "光驱设备\DVD\CD\ISO"功能列表

（3）选择转换类型为"ISO"，设置文件名及保存位置，单击"转换"按钮，回到格式工厂主界面。

（4）单击工具栏中的"开始"按钮，即可开始转换文件。

6．音视频合并

格式工厂可以对视频/音频文件进行合并，下面介绍视频合并的操作步骤。

（1）单击"高级"功能列表，选择"视频合并"选项，弹出"视频合并"对话框。

（2）单击"添加文件"或"添加文件夹"按钮添加要合并的视频文件。

（3）选中需要进行处理的文件后利用工具按钮可对其进行移除、清空列表、播放、查看文件信息、裁剪视频文件和调整上下次序（合并时上面的在前面，下面的后面）等操作，选择输出格式后设定输出分辨率和大小，单击"确定"按钮返回主界面任务窗口，单击工具栏的"开始"按钮进行视频合并。

7．影音合成

格式工厂可以实现简单的影视后期合成功能，操作步骤如下。

启动格式工厂,单击"高级"功能列表,单击"混流"命令,弹出"混流"对话框,首先添加视频文件和音频文件,然后设置输出的文件格式和分辨率,单击"确定"按钮返回主界面并进行影视后期的影音合成。

典型例题

【例1】(2016年高考题)小张从网上下载了一段视频教程"flash视频教程.fiv"他想把它转换成mp4格式,作为影视后期制作素材,请写出使用格式工厂解决问题步骤。

答案: ① 启动格式工厂,再单击"视频"功能列表。

② 选择"->MP4",在对话框中单击"添加文件",添加"flash视频教程.flv"到文件夹中。

③ 单击"确定",返回格式工厂主界面。

④ 单击"开始",进行格式转换。

【例2】(2014年高考题)小明是影音制作爱好者,他从网上下载了一部电影"英雄.rmvb",他想将下载的电影导入到Premiere软件中进行特效处理刻录成光盘收藏,但是Premiere软件不支持rmvb格式文件的导入,请你帮他解决下面问题。

使用格式工厂将电影"英雄.rmvb"转换成Premiere软件支持的AVI格式,保存为"英雄.avi",并写出操作步骤。

答案: ① 打开格式工厂软件,单击"视频"功能列表,单击"->avi"选项,单击"添加文件"按钮,弹出"打开"对话框,从中选中"英雄.rmvb"文件后,单击"打开"按钮。

② 单击"选项"按钮,对视频大小、声道等进行设置后,单击"确定"按钮完成视频截取。

③ 单击"输出设置"按钮,弹出"视频设置"对话框,对输出的画面大小、视频流、音频流、附加水印等进行设置,设置完成后单击"确定"按钮。

④ 单击右下角的"浏览"按钮,可预设文件的输出文件夹,最后单击右上角"确定"按钮返回格式工厂主界面,单击工具栏的"开始"按钮进行格式转换。

解析: 本题考查的是利用格式工厂进行视频格式转换的操作步骤。

巩固练习

一、单项选择题

1. 下列关于格式工厂的说法中错误的是（　　　）。

    A. 是一个免费的多媒体格式转换软件

    B. 可以实现大多数视频、音频以及图像格式之间的相互转换

    C. 支持移动设备和移动设备兼容格式

    D. 可将DVD转换到ISO或CSO,但不能进行ISO与CSO的互转

2. 下列操作不能在格式工厂中完成的是（　　　）。

    A. ISO转换成CSO   B. CSO转换成ISO

    C. DVD转换成ISO   D. ISO刻录到光盘

3. 格式工厂主界面左侧的功能列表中不包括（　　　）。

A. 音频 　　　　　　　　　　　　B. 视频

C. 选项 　　　　　　　　　　　　D. 光驱设备\DVD\CD\ISO

4. 格式工厂工具栏中的移除按钮是（　　　）。

A. 　　　B. 　　　C. 　　　D.

5. 下列有关格式工厂中视频转换的说法正确的是（　　　）。

A. 转换过程中可以截取视频中的一个片断进行转换

B. 可以对输出的画面大小进行设置

C. 可以在视频中附加字幕、水印

D. 以上说法均正确

6. 格式工厂中转换视频格式时，视频截取对话框中不能设置的项目是（　　　）。

A. 截取片断　　　B. 画面裁剪　　　C. 画面旋转　　　D. 源音频频道选择

7. 格式工厂中，进行视频格式转换时，要截取视频可以单击（　　　）按钮

A. 选项　　　　　B. 添加文件　　　C. 改变　　　　　D. 输出配置

8. 格式工厂中，要将视频文件转到智能手机中播放，可单击"视频"功能列表，选择（　　　）选项。

A. ->智能手机　　B. ->移动设备　　C. ->手机格式　　D. ->更多设备

9. 格式工厂中，要实现影音合成功能，应使用"高级"功能列表中的（　　　）命令。

A. 视频合并　　　B. 音频合并　　　C. 混流　　　　　D. 影音合成

10. 格式工厂菜单栏中，没有的菜单项是（　　　）。

A. 文件　　　　　B. 任务　　　　　C. 皮肤　　　　　D. 帮助

二、案例分析题

1. 某同学从网上下载了一个视频教程"Photoshop 从入门到精通.rmvb"，他想复制到手机上观看，却发现手机不支持这种格式，无法播放。于是，他想使用格式工厂把该视频转换为 MP4 格式，但他对格式工厂不太熟悉，请你帮他写出操作步骤。

2. 某老师使用手机给班里的运动员录制了三段比赛视频，名称分别为"200 米跑.avi"、"800 米跑.avi"、"跳远.avi"，保存在计算机的"D:\运动会视频"文件夹中，他想使用格式工厂将这三段视频合并成一个视频文件，不知如何操作，请你帮他写出操作步骤。

三、综合题

临近毕业，班长计划制作班级纪念 MV。他制作了一个视频文件"班级视频.avi"，又从网上下载了一首歌曲"同桌的你.mp3"，打算使用格式工厂将视频和音频文件进行影音合成，请你帮他写出操作步骤。

第四讲　音频处理软件 GoldWave

知识要点

1. 了解 GoldWave 的特点；
2. 掌握 GoldWave 的基本操作及技巧；
3. 能使用 GoldWave 软件处理日常生活中遇到的各种音频问题。

知识精讲

一、GoldWave 的特点

（1）GoldWave 是一个功能强大的数字音乐编辑器，它可以对音频内容进行播放、录制、编辑以及转换格式等处理。

（2）支持 WAV、OGG、VOC、MP3、WMA 等几十种音频文件格式。

（3）可以从 CD、VCD、DVD 或其他视频文件中提取声音。

（4）软件内含丰富的音频处理特效，可以对声音进行回声、混响、降噪等特殊的处理。

（5）支持各种不同音频格式之间的相互转换。

二、GoldWave 的使用

1．音频播放

（1）在主界面单击"文件"→"打开"命令，在打开的对话框中选择播放的音频文件，单击"打开"按钮；如果是立体声文件则分为上下两个声道的波形，绿色部分代表左声道，红色部分代表右声道，可以分别或统一对它们进行操作。

（2）单击控制器上的"全部播放"按钮进行播放。

在播放波形文件时，在 GoldWave 窗口中会看到一条白色的指示线，指示线的位置表示正在播放的波形。与此同时，在控制器面板上会看到音量显示以及各个频率段声音的音量大小。

（3）通过控制器工具栏可以设置音频的播放方式：向后播放、向前快速播放、暂停、停止、创建文件录音及在选区内录音等操作；工具栏上各个按钮对应的快捷键及功能是：F2 从头开始全部播放；F3 只播放选区内音频；F4 从当前位置开始播放；F5 向后播放；F6 向前快速播放；F7 暂停；F8 停止；F9 创建一个文件开始录音；Ctrl+F9 在当前选区内开始录音；F11 设置控制器属性，如图 4.4.1 所示。

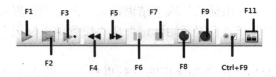

图 4.4.1　控制器工具栏

（4）单击"设置控制器属性"按钮（F11），出现"控制属性"对话框，进行具体的播放

模式选择，并可以勾选"循环"复选框和设置循环次数等。也可对"录音""音量""视觉""设备"和"检测"等选项卡进行设置。

2．音频录制

录制声音之前应确保音频输入设备（麦克风）已经正确连接到计算机上，常用录制声音文件的方法如下。

（1）按"F9"键弹出"持续时间"对话框，如图 4.4.2 所示，单击"确定"后创建一个文件并开始录音。

图 4.4.2　"持续时间"对话框

（2）录音完毕，单击"停止录音"按钮（Ctrl+F8）停止。

（3）单击 GoldWave 工具栏上的"保存"按钮，打开"保存声音为"对话框。

（4）选择文件类型、文件名及保存位置，单击"保存"按钮。

3．时间标尺和显示缩放

打开一个音频文件之后，在波形显示区域的下方有一个指示音频文件时间长度的标尺，它以秒为单位，清晰的显示出任何位置的时间情况。

如果音频文件太长或想细微观察波形的细节变化，可改变显示的比例来进行查看，单击"查看"菜单下的"放大""缩小"命令可以完成，或用快捷键"Shift+↑"进行放大操作和用"Shift+↓"进行缩小操作。

如果想详细的观测波形振幅的变化，可以加大纵向的显示比例，单击"查看"菜单下的"垂直方向放大""垂直方向缩小"或使用快捷键"Ctrl+↑"（up）、"Ctrl+↓"（down）。

4．音频事件选择

对文件进行各种音频处理之前，必须先从中选择一段音频波形，称为音频事件。刚打开文件时，默认的开始标记在最左边，默认的结束标记在最右边。选择音频事件的方法有以下几种。

（1）单击"编辑"→"标记"→"设置"命令，在弹出的对话框，选择"基于时间位置"或"基于采样位置"选项，并设置开始及结束值后，单击"确定"按钮。

（2）用鼠标直接拉动"开始标记"或"结束标记"到适当位置；也可以在目标位置处右击，在弹出的快捷菜单中选择"设置开始标记"或"设置结束标记"选项来分别设定"开始标记"或"结束标记"。

（3）直接用鼠标在波形区选择要操作的音频事件。如果选择位置有误或者更换选择区域，则可以使用"编辑"→"选择显示部分"命令（组合键"Ctrl+W"），重新进行音频事件的选择。

选中的音频事件以高亮度的颜色并配以蓝色底色显示，如图 4.4.3 所示，未选中的波形以较淡的颜色并配以黑色底色显示，如图 4.4.4 所示。

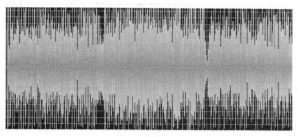

图 4.4.3　选中的音频事件

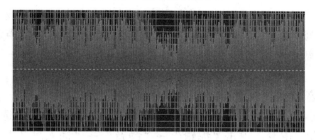

图 4.4.4　未选中的波形

5．音频文件截取

（1）运行 GoldWave，打开要截取的音频文件，选择要截取的音频事件。

（2）单击"文件"→"选定部分另存为"命令，在弹出的"保存选定部分为"对话框中，根据需要设置文件名、音频格式及音质，单击"保存"按钮。

6．音频文件编辑

（1）复制音频波形

首先，选择要复制的音频波形，单击"编辑"→"复制"命令或单击工具栏上的复制按钮；然后用鼠标选取需要粘贴音频波形的位置，单击"编辑"→"粘贴"命令或单击工具栏上的"粘贴"按钮完成复制操作。

（2）移动音频波形

首先，选择要移动的音频波形，单击"编辑"→"剪切"命令或单击工具栏上的剪切按钮；然后，用鼠标选取需要粘贴音频波形的位置，单击"编辑"→"粘贴"命令或单击工具栏上的"粘贴"按钮完成音频波形的移动。

（3）删除音频波形

选中音频波形，单击工具栏上的"删除"按钮，即可把音频事件直接删除，而不保留在剪贴板中。

（4）剪裁音频波形

剪裁音频波形类似于删除音频波形，不同之处是，删除音频波形是把选中的波形删除，而剪裁波形是把未选中的波形删除。剪裁音频波形所使用的按钮是"剪裁"，或按快捷键 Ctrl+T，剪裁后，GoldWave 会自动把剩下的波形放大显示。

（5）粘贴的几种形式

图 标	作 用
📋 粘贴(P)	将复制或剪切的部分波形由选定插入点插入，等于加入一段波形
📋 粘贴为新文件(N)	将复制或剪切的部分波形粘贴到一个新文件中，等于保存到新文件
📋 混音(M)...	将复制或剪切的部分波形与由插入点开始的相同长度波形混音
📋 覆盖(W)	将复制或剪切的部分波形覆盖由插入点开始的相同长度波形
📋 替换(R)	将复制或剪切的部分波形替换选中任意长度的波形，后面的自动衔接

（6）声道选择

单击"编辑"→"声道"→"左声道"命令，或指向上方声道的波形时右击，在快捷菜单中选择"声道"选项，则所有操作只对上方的波形起作用，下方的声道以深色显示并不受任何影响，如果想对两个声道都起作用，需单击"编辑"→"声道"→"双声道"命令。

（7）静音

在 GoldWave 的音频文件中想让部分时间静音，有两种方法。

① 选择部分波形，单击"编辑"→"静音"命令，则波形消失，选中处被静音。

② 单击插入静音的位置，单击"编辑"→"静音"→"插入静音"命令，在弹出的"静音持续时间"对话框中输入静音需要的时间长度后，单击"确定"按钮，此时，后面的波形向后平移，在插入点处增加一段无波形的时间段。

7. 音频特效制作

（1）添加回声效果

选择要添加回声效果的波形，单击"效果"→"回声"命令，弹出"回声"对话框，如图 4.4.5 所示，输入回声反复的次数、延迟时间、音量大小和反馈等，单击"确定"按钮即可。

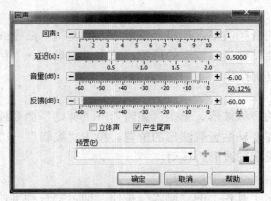

图 4.4.5 "回声"对话框

注意：回声反复的次数越多，效果就越明显，延迟时间值越大，声音持续时间越长。而音量是指返回声音的音量大小，这个值不宜过大，否则回声效果就显得不真实了。

（2）改变音调

单击"效果"→"音调"命令，可打开"音调"对话框，如图 4.4.6 所示，其中"音阶"

表示音高变化到现在的倍数。"半音"表示音高变化的半音数。"微调"是半音的微调方式，音频格式的固有属性告诉了用户，一般变调后的音频文件，其长度也要相应变化。选中"保持速度"复选框后可保持播放文件的长度还是原来的长度。

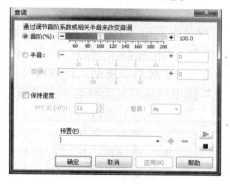

图 4.4.6　"音调"对话框

（3）调节均衡器

选择"效果"→"滤波器"→"均衡器"命令，即可打开 GoldWave 的 7 段均衡器对话框，如图 4.4.7 所示，直接拖动代表不同频段的数字标识到一个指定的大小位置，可以选择一种预置效果进行试听，确定后单击"确定"按钮。

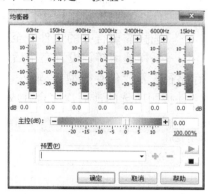

图 4.4.7　"均衡器"对话框

（4）设置音量效果

音量效果设置包含了更改音量、淡入、淡出、匹配音量、最佳化音量、外形音量等命令，如图 4.4.8 所示。

图 4.4.8　音量效果设置

（5）降噪处理

单击"效果"→"滤波器"→"降噪"命令，弹出"降噪"对话框，完成相应的设置后，单击"确定"按钮。

（6）压缩/扩展效果

在 GoldWave 中，压缩/扩展效果利用"高的压下来，低的提上去"的原理，对声音的力度起到均衡的作用。单击"效果"→"压缩器/扩展器"命令，弹出"压缩器/扩展器"对话框，如图 4.4.9 所示，针对波形，勾选"扩展器"还是"压缩器"，然后对倍增、阈值、起始和释放等项进行调整，勾选"设置"框中的相应复选框后单击"确定"按钮完成设置。

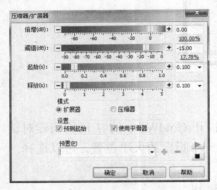

图 4.4.9 "压缩器/扩展器"对话框

（7）更改声音文件速度

单击"效果"→"回放速率"命令，弹出"回放速率"对话框，用鼠标拖动滑块到指定位置，也可以直接在列表中选择预置速率或输入速率，单击"确定"按钮，完成设置。

8．音频文件合并

通过合并音频功能可以把几首好听的音乐文件合并成为一个音乐文件。具体的操作步骤是：单击"工具"→"文件合并器"命令，在弹出的如图 4.4.10 所示的"文件合并器"对话框中，单击左下角的"添加文件"按钮，选择需要合并的文件（至少要选择两个文件），设置首选采样速率等。设置完毕后，单击"合并"按钮，弹出"保存声音为"对话框，选择"保存路径"及"保存类型"，输入 "文件名"，选择一种"音质"，单击"确定"按钮，所选音频文件按照所选的前后次序合并成一个音频文件。

图 4.4.10 "文件合并器"对话框

9．格式转换

（1）在主界面单击"文件"→"打开"命令，在打开的对话框中选择要转换的音频或视频文件，单击"打开"按钮，声音波形将出现在窗口中。

（2）单击"文件"→"另存为"命令，在弹出的"保存声音为"对话框中，根据需要设置文件名、音频格式及音质，单击"保存"按钮。

10．操作技巧

（1）制作手机铃声

① 运行 GoldWave，打开要转换或采集的铃声文件，经过短暂的音频解压过程，就可以看到该文件的波形了，单击"文件"→"另存为"命令，选择保存类型，输入文件名，选择保存类型时，要根据手机所支持的格式进行保存。比如，手机支持的格式是 MP3 或 OGG。

② 单击"保存"按钮，开始进行保存，完毕后，当前窗口上就显示刚才保存的文件。

③ 把手机通过 USB 接口连接到计算机上，将制作好的文件复制到手机就可以使用铃声了。

（2）使用 GoldWave 抓取 CD 音轨

① 运行 GoldWave，单击"工具"→"CD 读取器"命令，或单击工具栏中的"CD 读取器"按钮，弹出"CD 读取器"对话框，如图 4.4.11 所示。

图 4.4.11　"CD 读取器"对话框

② 勾选 CD 盘上的曲目，然后单击"保存"按钮，弹出"保存 CD 曲目"对话框，选择保存的目标文件夹、另存类型和音质，单击"确定"后进行 CD 音频的抓取及保存操作。

典型例题

【例 1】（2014 年高考题）以下有关 GoldWave 软件的说法错误的是（　　）。

A．要去除录音机录音产生的噪音，可以使用 GoldWave 提供的降噪功能

B．可以从视频文件中提取音频文件

C．可以改变声音文件的播放速率

D．合并声音文件时，这些声音文件必须具有相同的格式

答案：D

解析：GoldWave 在合并声音文件时不需要格式完全相同，只要指定合并后的文件名和文件类型就可以了，因此本题答案为 D。

【例2】（2013年高考题）在GoldWave中，选中音频波形，可将未选中波形删除的快捷键是（　　）。

    A．Ctrl+B   B．Alt+S   C．Ctrl+X   D．Ctrl+T

答案：D

解析：本题考查的是剪裁音频波形的方法。因此本题答案为D。

【例3】（2012年高考题）在GoldWave操作中，不能选择音频事件的是（　　）。

    A．单击"编辑"→"复制"命令

    B．单击"编辑"→"标记"→"设置"命令

    C．用鼠标在波形区域拖动来选择要操作的音频事件

    D．用鼠标直接拉动"开始标记"或"结束标记"到适当位置

答案：A

解析：本题考查的是选择音频事件的方法。

【例4】（2016年高考题）在GoldWave中，将剪贴板内的波形有选定插入点插入，等于加入一段波形，所选的按钮是（　　）。

    A．粘贴   B．粘新   C．替换   D．剪裁

答案：A

解析：粘贴：将复制或剪切的部分波形由选定插入点插入，等于加一段波形。粘新：将复制或剪切的部分波形粘贴到一个新的文件中，等于保存到新文件。替换：将复制或剪切的部分波形替换选中任意长度的波形，后面的波形自动衔接。剪裁：把未选中的波形删除。

巩固练习

一、单选题

1．在GoldWave中打开立体声音频文件后，窗口中的绿色波形代表（　　）。

    A．左声道   B．右声道   C．低音部分   D．高音部分

2．GoldWave中要实现从头开始全部播放，可使用快捷键（　　）。

    A．F1   B．F2   C．F3   D．F4

3．GoldWave中要实现暂停播放，可使用快捷键（　　）。

    A．F5   B．F6   C．F7   D．F8

4．GoldWave中，如果音频文件太长想细微观察波形的细节变化，可将波形放大显示，使用的快捷键是（　　）。

    A．Ctrl+↑   B．Ctrl+↓   C．Shift+↑   D．Shift+↓

5．关于音频事件，以下说法正确的是（　　）。

    A．音频事件是指使用GoldWave打开的音频文件

    B．音频事件是指使用GoldWave对音频进行的某种操作

    C．音频事件是指在GoldWave中选择的一段音频波形

    D．以上说法均不正确

6. GoldWave 中，音频事件选择有误，要重新选择，可使用快捷键（　　）。

  A．Ctrl+A   B．Ctrl+D   C．Ctrl+P   D．Ctrl+W

7. GoldWave 工具栏中"剪裁"按钮的作用是（　　）。

  A．删除被选定的波形

  B．保留被选定的波形，删除未选定的波形

  C．将选中的波形剪切并粘贴到一个新文件中

  D．将选中的波形复制并粘贴到一个新文件中

8. 对于 GoldWave 音频合并操作，以下说法正确的是（　　）。

  A．只能合并 MP3 格式的文件

  B．只能合并音频格式相同的文件

  C．可以将不同格式的音频文件合并在一起

  D．合并后的音频格式只能是第一个被添加的音频文件的格式

9. 在 GoldWave 中，关于回声的说法不正确的是（　　）。

  A．回声的音量越大，效果越明显

  B．回声的反复次数越多，效果越明显

  C．回声的延迟时间越大，声音持续时间越长

  D．设置反馈效果后，能够使声音听上去更润泽、更具空间感

10. 在 GoldWave 中，要实现对音频格式的批量转换，可使用的菜单是（　　）。

  A．文件   B．编辑   C．效果   D．工具

二、案例分析题

1. GoldWave 中选择音频事件的方法有哪几种？

2. 马上要元旦联欢了，王老师想在联欢会上给同学们演唱两首歌曲，他在网上下载了两首歌曲的伴奏音乐"大海伴奏.mp3"和"感恩的心伴奏.mp3"，想使用 GoldWave 将两首歌的伴奏合并为一个文件便于播放，生成文件"我唱的歌.mp3"，并保存在桌面。问该如何实现？

3. 某同学刚买了一个新手机，发现手机里自带的铃声都不太好听，打算自己制作一个手机铃声。他从网下载了音乐文件"小鸡小鸡.mp3"，想使用 GoldWave 截取第 8 秒～第 30 秒的一段音频作为手机铃声，保存在桌面上，名为"我的铃声.mp3"，请帮他写出操作步骤。

模块五

网络应用工具

考纲要求

1. 掌握 P2P、P2SP 技术的相关知识；
2. 掌握迅雷的使用方法和操作技巧；
3. 掌握优酷 PC 客户端的使用方法和操作技巧；
4. 会用迅雷、优酷 PC 客户端等工具软件解决实际问题。

第一讲　迅雷

知识要点

1. 了解 HTTP、FTP、BT、P2P 和 P2SP 等几种下载方式的工作原理；
2. 掌握迅雷软件的使用方法和操作技巧。

知识精讲

一、各种不同的下载方式

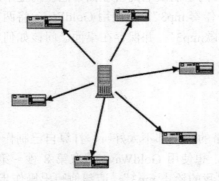

图 5.1.1　HTTP/FTP 下载原理

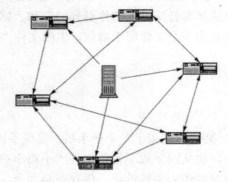

图 5.1.2　BT 下载原理

1. HTTP/FTP 下载

先将文件放到服务器上，然后再由服务器端传送到每个用户的计算机上，下载原理如图 5.1.1 所示。用户越多，对带宽的要求也越多，下载速度越慢。

2．BT下载

BT是一种基于BT协议的P2P文件下载客户端，支持多任务下载，文件有选择地下载，可进行磁盘缓存，减小对硬盘的损伤。P2P的下载原理：首先在上传者端把一个文件分成了若干个部分，用户不但在服务器上下载所需内容，也同时在网络上的各个终端机器之间进行，获得了比传统方式快得多的下载速度，同时减轻了服务器端的负荷。原理示意如图5.1.2所示。用户越多，下载速度越快。

3．迅雷下载

采用P2SP下载技术，P2SP的"S"是指服务器，P2SP有效地把原本孤立的服务器和其映像资源以及P2P资源整合到了一起，可同时从多个服务器和多个终端同时下载文件，在下载的稳定性和下载的速度上，都比传统的P2P或P2S有了非常大的提高。

迅雷的核心问题是智能资源选择，使用迅雷下载某个文件的同时，迅雷会自动收集用户的下载地址，并以MD5值判断是否为同一个文件，从而形成一个庞大的下载链接库，这样就在迅雷服务器端进行了资源的整合，当后面的用户下载同一个文件时，迅雷就会根据用户具体的网速而去一个速度最快的服务器上面下载同一个文件，由于选择通常是最优化的结果，因此感觉下载速度非常快。

二、迅雷的主要特点

1．迅雷的主要特点

① 加快启动速度：迅雷用最少、最精明的硬盘读写，让迅雷呼之即来。

② 确保运行顺畅：避免了使用插件，告别卡顿现象，使运行迅捷顺畅。

③ 一键立即下载：即便是通过手动输入下载地址的方式建立任务，迅雷也能让一键立即下载。

④ 在开始前完成：迅雷建立任务时，但未单击"立即下载"按钮前，便已开始下载，甚至会下载完成，在"开始"前"完成"任务。

⑤ 批量任务合并：迅雷增加了"任务组"功能，将批量任务归纳为1个任务，即便再多批量任务，也能一目了然。

⑥ 智能任务分类：在迅雷中，用户不再需要亲自将任务归类了，下载完成后，迅雷会根据文件类型自动分类。

⑦ 领略生动之美：迅雷以全新的页面设计和操作动画，令下载赏心悦目，更有动态皮服，让用户尽享生动的下载之美。

三、迅雷的使用

1．系统设置

在主界面单击主菜单按钮，选择"配置中心"命令，或按"Alt+0"组合键，弹出"系统设置"对话框，如图5.1.3所示。

（1）常规设置

● 开机时启动迅雷：勾选"开机时自动启动迅雷7"复选框，计算机启动后自动启动迅雷。

● 启用老板键：勾选"启用老板键"复选框，在文本框中可自定义快捷键，使用此键可自动隐藏。

● 下载目录选择：单击"选择目录"按钮可指定迅雷的下载文件存放目录。

● 自动下载：勾选"建立任务时自动开始下载"复选框可实现先行下载。

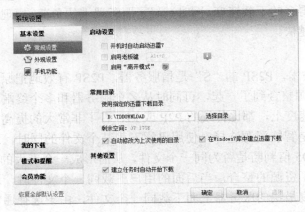

图 5.1.3　"系统设置"对话框

（2）常用设置

选择"我的下载"选项，单击"常用设置"选项，如图 5.1.4 所示，"同时下载的最大任务数"：如果同时下载的任务数已达到该设置，再添加下载任务，任务不会马上开始，而是排在队列中等待某个下载完成后才会开始。如果勾选"自动将低速任务移动至列尾"复选框，则下载低速的任务将排到最后。

（3）"任务默认属性"设置

选择"任务默认属性"选项，如图 5.1.5 所示。

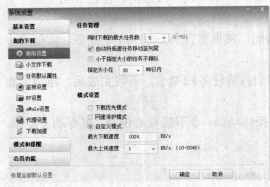
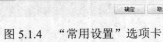

图 5.1.4　"常用设置"选项卡

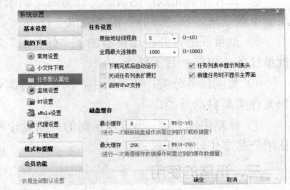

图 5.1.5　"任务默认属性"选项卡

● 全局最大连接数：假如同时进行的下载任务多，那么，相应的下载线程也就会很多。这么做的直接后果就是拖慢系统，运行会明显有"卡"的感觉。这时只要将"原始地址线程数"和"全局最大连接数"设置成一个比较适合系统配置的值就可以了。

● 磁盘缓存：设置最小和最大缓存。迅雷提供了常见的硬盘保护机制，即先把数据下载到缓冲区中。等到了一定数量时再写入磁盘，这样可以有效防止频繁的磁盘操作，根据实际情况调节磁盘缓存大小。减少对硬盘的读写次数，最大限度地保护硬盘。

（4）监视设置

单击"监视设置"选项。

● 监视剪贴板：选择该项后，当将一个 URL 地址送剪贴板后，如果 URL 的扩展名符合监视的文件类型，该 URL 地址就将自动添加到下载任务列表中。

● 监视浏览器：选择该项后，每当单击网页上的 URL 时，如果 URL 的扩展名符合监视的文件类型，该 URL 就将自动添加到下载任务列表中。

● 监视下载类型：用来设置要监视的文件类型。

2．文件下载

（1）监视浏览器单击

迅雷可以监视浏览器的单击，每当单击网页上的 URL 时，如果 URL 的扩展名符合监视的文件类型，该 URL 就将添加到下载任务列表中，打开"新建任务"对话框，单击文件名处可更改存储的文件名，单击"浏览"可更改存储文件夹，勾选下载参数后单击"立即下载"按钮便开始下载。

（2）监视剪贴板

默认情况下，迅雷将自动捕捉剪贴板上的地址，当将一个 URL 地址送剪贴板后，如果 URL 的扩展名符合监视的文件类型，该 URL 地址就将自动添加到下载任务列表中，打开"新建任务"对话框，单击"立即下载"按钮可完成下载。

（3）使用快捷菜单

可以在需要下载的文件上右击，其中两项为"使用迅雷下载"和"使用迅雷下载全部链接"。

● "使用迅雷下载"：下载选择的是单个链接，将弹出如图 5.1.6 所示对话框。

● "使用迅雷下载全部链接"：下载本网页内的所有链接，单击该选项会弹出"选择下载地址"对话框，如图 5.1.7 所示，需要手动选择要下载的 URL，单击"立即下载"按钮。

图 5.1.6　单个链接下载对话框

图 5.1.7　"选择下载地址"对话框

（4）新建下载任务

单击"文件"→"新建任务"菜单或工具栏上的"新建"按钮，可打开"新建任务"对话框，在 URL 框中输入要下载文件的 URL 地址，单击"立即下载"就可以了。

（5）计划任务

单击"工具"→"计划任务管理"→"添加计划任务"命令，弹出"计划任务"对话框，设置任务执行的时间点，选择任务性质后单击"确定计划"按钮，迅雷会按计划任务来确定执行情况。

3. 批量下载任务创建

迅雷可以一次将多个具有相同特征的文件进行批量下载，具体操作步骤如下。

假如一个网站 http://www.sddy2014.com 提供了 11 个这样的文件 a00.rar、a01.rar…a10.rar，这 11 个文件名只有数字部分不同，如果用（*）表示不同的部分，这些地址可以写成 http://www.sddy2014.com/a（*）.rar，通配符设置从 0 到 10，通配符长度为 2 位，这时单击菜单的"文件"→"新建任务"→"批量任务"命令，打开"新建任务"对话框，如图 5.1.8 所示，输入该 URL 和有关参数，单击"确定"按钮后，便开始下载 a00.rar、a01.rar、…、a10.rar 这 11 个文件了。

图 5.1.8 "新建任务"对话框

提示：输入的 URL 网址中必须包括（*），（*）代表通配符，通配符长度指的是这些地址不同部分数字的长度，填写完成后，在示意窗口会显示第一个和最后一个任务的具体地址。

4. 应用技巧

（1）在浏览网页时，往往单击某文件便会启动迅雷，并将其添加到下载列表中去，但有时我们并不想下载该文件，该如何解决？

解决办法：启动迅雷，选择"配置中心"或单击工具栏上的"配置"按钮，选择"监视设置"项，单击"设置不监视网站"按钮，弹出"设置不监视网站"对话框，输入不被监视的网址后单击"确定"按钮即可。

（2）当文件下载结束后，单击选中此文件，在文件的底部出现"运行""目录""发送到手机"三个按钮，单击"运行"可运行文件；单击"目录"可打开存储此文件的目录；也可点"发送到手机"按钮，把此文件传至手机。

（3）悬浮窗图标的使用：指向悬浮窗图标，会弹出快捷菜单，其中有两个选项卡，分别是"正在下载"和"已完成"，简单明了列出了最近的操作对象；双击悬浮窗图标可实现主界面隐藏和恢复；指向悬浮窗图标并右击，会弹出快捷菜单，根据需要选择相应的菜单命令就可以了。

典型例题

【例1】（2015年高考题）要想设置开机时自动启动迅雷，在迅雷的"系统设置"对话框中选择的是（　　　）。

A．常规设置　　　　　　　　　　B．外观设置

C．常用设置　　　　　　　　　　D．监事设置

答案：A

解析：本题主要考查迅雷中"常规设置"和"常用设置"的区别。

【例2】（2013年高考题）王敏新组装了一台计算机，她想从某一网站下载励志电视连续剧，URL网址分别为：http://www.iqiyi.com/大学门1.rar，http://www.iqiyi.com/大学门2.rar，……，http:// www.iqiyi.com/大学门20.rar。

请帮她下载"大学门1.rar"至"大学门20.rar"二十个视频文件到E盘的vidio文件夹下，并写出操作步骤。

答案：① 启动迅雷，选择"文件"→"新建任务"→"批量任务"命令，打开"批量任务"对话框；

② 在URL框中输入网址http://www.iqiyi.com/大学门（*）. rar，在URL框下方设置1～20，通配符长度为1，单击"确定"按钮；

③ 在弹出的"选择要下载的URL"对话框中，单击"确定"按钮，在"新建任务"对话框中，设置下载文件夹E:\vidio，单击"立即下载"按钮，开始下载。

解析：此题考查迅雷批量下载的相关知识。

【例3】（2016年高考题）使用迅雷下载文件时，可设置磁盘缓存大小防止频繁的读写磁盘，应选择（　　　）。

A．常用设置　　　　　　　　　　B．监视设置

C．计划任务设置　　　　　　　　D．系统默认属性设置

答案：D

解析：可参考本指导丛书188页图5.15"任务默认属性"选项卡。选择"系统默认属性"打开"系统设置"对话框，选择"我的下载"中"任务默认属性"更改"磁盘缓存"最大、最小缓存量即可。

巩固练习

一、单选题

1. 以下属于由服务器直接传送到每个用户终端的点对点下载方式的是（ ）。
　　A．比特精灵　　　　B．迅雷　　　　　　C．HTTP　　　　　　D．FlashGet

2. 以下下载方式中，下载速度最快的是（ ）。
　　A．P2P　　　　　　B．P2S　　　　　　C．P2SP　　　　　　D．FTP

3. 迅雷是一款基于（ ）技术的下载软件。
　　A．P2P　　　　　　B．P2S　　　　　　C．P2SP　　　　　　D．以上都不对

4. 关于迅雷下载软件的特点，以下说法正确的是（ ）。
　　A．提供了硬盘保护机制，有效防止频繁的磁盘操作
　　B．提供了智能任务分类功能
　　C．支持断点续传功能
　　D．以上说法均正确

5. 在迅雷软件中，打开"系统设置"对话框的快捷键是（ ）。
　　A．Ctrl+O　　　　　　　　　　　　B．Ctrl+Shift+O
　　C．Alt+O　　　　　　　　　　　　 D．Alt+Shift+O

6. 打开迅雷软件中的"系统设置"对话框，在"基本设置"的"常规设置"选项中，不能实现的设置是（ ）。
　　A．默认下载模式　　　　　　　　　B．自动隐藏迅雷窗口的快捷键
　　C．指定迅雷下载目录　　　　　　　D．开机时自动启动迅雷

7. 在迅雷软件的"系统设置"对话框中，设置"同时下载的最大任务数"，使用的选项是（ ）。
　　A．常规设置　　　B．常用设置　　　C．外观设置　　　D．监视设置

8. 在迅雷软件的"系统设置"对话框中，以下不属于"任务默认属性"选项功能的是（ ）。
　　A．原始地址线程数　　　　　　　　B．全局最大连接数
　　C．最大/最小磁盘缓存数　　　　　　D．同时下载的最大任务数

9. 当单击网页上的 URL 时，该 URL 地址就将自动添加到下载任务列表中，该功能属于（ ）。
　　A．监视剪贴板　　　B．监视浏览器　　　C．监视下载类型　　　D．监视超链接

10. 使用迅雷软件创建批量下载任务时，输入的 URL 网址中必须包括的通配符是（ ）。
　　A．*　　　　　　　B．?　　　　　　　C．#　　　　　　　　D．%

11. 使用迅雷新建下载任务，以下操作错误的是（ ）。
　　A．使用"文件"→"新建任务"命令
　　B．使用工具栏"新建"按钮
　　C．使用"Ctrl+N"组合键
　　D．使用"Alt+N"组合键

12．在迅雷"系统设置"对话框中，要设置磁盘缓存的大小，使用的选项是（　　　　）。

    A．常规设置　　　　B．常用设置　　　　C．任务默认属性　　D．监视设置

13．在迅雷软件中，为了保护硬盘，减少对硬盘的读写次数，需要设置（　　　）。

    A．监视下载类型　B．最大下载速度　　C．迅雷下载目录　　D．磁盘缓存

二、案例分析题

1．小刘想将迅雷下载文件存放的目录更改为"E:\下载\"，应该如何操作呢？

2．小孙想使用迅雷批量下载功能，从 http://www. sctp. com 网站下载 tp00. rar、tp01. rar、tp02. rar、tp03. rar、tp04. rar、tp05. rar、tp06. rar 共 7 个文件，请帮他整理出操作步骤。

3．小明在浏览网页时，常常单击某文件时就会启动迅雷，并将其添加到下载列表中，这让他感到很烦恼，应该怎么解决呢？

第二讲　优酷 PC 客户端

知识要点

1．了解优酷 PC 客户端软件的功能特点；

2．掌握优酷 PC 客户端的基本操作及技巧；

3．会使用优酷 PC 客户端软件进行文件的上传和下载。

知识精讲

1．优酷 PC 客户端的主要特点

优酷 PC 客户端具有"桌面优酷"之称，集成了视频推荐、搜索、播放、下载、转码、上传、专辑管理等多个强大功能，带给用户更炫的视觉效果，更优质的视频体验。其主要特点有以下几点。

  ● 可上传：超 G 上传延续了优酷一贯坚持的"快者为王"的特点，目前最大支持 10G 文件上传。

  ● 下载：视频下载现已支持超清、高清视频文件下载，并全面支持视频边下载边看和离线观看。

● 转码：已下载完成的超清、高清及标清视频文件均已全面支持转码处理。

● 播放：支持多种窗口播放模式，提供画质选择、语言切换等选项。播放记录云同步功能将记录多终端播放数据，设备信息、视频播放进度、视频清晰度、视频语言等数据都将在恢复播放时同步恢复。

● 推荐：首页热门影视综艺及视频内容实时更新，随时向用户推荐最新精彩内容。

● 频道：新增多条件筛选功能，帮助用户精确定位查找结果。

● 搜索：由搜库提供技术支持的优酷全站内容搜索，始终坚持专业视频搜索体验。

2．视频在线查看和搜索

（1）在线查找

启动优酷 PC 客户端，单击左下角的"视频库"按钮，在主界面标注为 1 的频道栏，如"优酷精选"页面，可查看优酷精选专栏定期推荐的热门视频，通过"<"">"按钮可进行切换查看。单击"全部频道"按钮，还能查看更多更丰富的视频内容，进入"全部频道"后可根据个人需求通过多条件筛选查找想看的视频。

优酷精选推荐内容下方（主界面标注为 2 方框内）可以查看不同类型的推荐内容："热映大片""同步追剧""王牌综艺""动漫卡通""热点资讯"。单击右侧的"换一组"按钮还能查看该类型下一组的推荐内容。

选择某视频图标后，弹出本视频的内容简介及工具栏，根据需要可分别单击"播放"或"下载"等相应的按钮进行相关操作。

（2）在线搜索

在主界面上端的搜索框中可以输入要搜索的视频名称、节目名称、导演、演员等，还支持模糊搜索，然后单击"搜索"按钮进行搜索，在"搜库"页面单击视频图标可观看视频，单击"下载"按钮，可下载视频到本地硬盘；单击"收藏"，该栏目就收藏到个人中心"我的收藏"中，以后可以进入个人中心观看视频；单击"加入点播单"按钮，该节目加入到点播单，可以直接去播放页右侧点击观看。

3．视频播放

可以拖曳节目详情界面、频道界面、推荐界面、播放记录界面的视频海报至播放页面进行播放，同时也可以将本地.kux 及.flv 文件直接拖曳到播放界面上进行播放。

进入节目详情页面，单击"手机观看"按钮，用优酷 App 扫一扫二维码，就可以在手机上观看这个视频。

如果勾选了关联文件按钮"使用优酷客户端 Windows 版播放*.flv 文件"，双击本地文件即可使用优酷客户端进行播放。若没有勾选关联文件按钮，可选中视频文件，右击，在弹出的快捷菜单中选择"使用优酷客户端打开"播放即可。

在播放窗口右侧为"点播单"和"播放列表"，在播放列表中切换播放的视频。播放过程中指向播放窗口，在右侧可选择"加入点播单"或"下载"等操作。

4．视频下载

视频下载的方法有以下几种。

① 单击单个视频海报右下角的下载按钮进行下载。

② 进入下载页面，单击"添加"按钮，粘贴想下载的优酷视频所在播放页地址，提示 URL 合法后，选择画质、保存路径等信息后，单击"开始下载"按钮添加任务。

③ 进入节目详情页，单击"下载"按钮，可在弹出框内批量选择剧集，再下载。

④ 在优酷播放页，单击播放器右下角的"下载"按钮，开始下载。

⑤ 直接将想下载的单集视频海报拖曳至下载页面即可。

⑥ 客户端直接在线播放时，单击播放器侧标工具栏中的"下载"按钮可添加相应下载任务。

5. 视频转码

目前优酷客户端支持转码的主流格式有.avi、.flv、.mov、.mp4、.mpeg、.rm、.rmvb。

单击"添加"按钮，在对话框中选择一个或多个源视频文件，设置并确认转码格式、转码视频画面大小、转码保存路径，单击"开始转码"按钮即可。

6. 视频上传

上传视频时，需要先登录。"标题"和"标签"为必填项，每个标签至少 2 个汉字，但不得超过 6 个汉字，每个视频可有 1～10 个标签，用空格分隔，不可重复，最多一次可添加 30 个文件。

（1）在安装优酷客户端时勾选"为系统右键菜单添加使用优酷客户端 Windows 版上传到优酷网选项"复选框。右击本地文件，在弹出的快捷菜单中选择"使用优酷客户端上传到优酷网"选项，即可进入优酷客户端上传页面并快速新建上传任务，用户只需填写必要的标题、标签等信息即可。

（2）拖曳本地视频进入上传页面，填写上传标题、简介、标签等信息后单击"开始上传"按钮可立即上传。

（3）进入上传页面，单击"新建上传"按钮，在对话框中选择视频文件，输入标题，选择分类列表，单击"一键上传"按钮即可。

（4）选择多个视频或逐一选择视频添加后进行上传，选中多个本地视频文件拖曳到上传页面，或逐一拖曳视频添加进行上传都可实现多集上传。

7. 账户登录

（1）账户登录有以下好处。

● 云同步记录需要在账号登录状态下记录用户的播放历史，换另外一台计算机登录也不担心播放记录会丢失。

● 登录账号后可以查看"为我推荐"的视频，还能随时查看"我的评论"。

● 登录账号后可下载超清、高清更高画质的视频内容。

● 登录后可以直接进入收藏，观看之前收藏的节目。

● 登录后可以及时观看订阅的视频。

（2）单击"登录"按钮并输入账号信息进行登录，进入个人中心页面，可查看"我的首页""观看记录""我的收藏""我的订阅"和"我的专辑"等个人详细信息。

（3）创建专辑。

单击"新建专辑"按钮，弹出"新建专辑"对话框，填写专辑标题、简介、标签、分类等信息，单击"保存并添加视频"按钮，可选择已发布的视频并添加到专辑中。

8．操作技巧

（1）播放设置

单击主界面左上角的下拉按钮，在菜单中选择"设置"命令，单击"播放设置"选项，勾选"始终自动连播""始终跳过片头片尾""播放器始终播放"复选框。在播放设置窗口中还可以设置热键，方便用户的操作。

（2）上传设置

在"新建上传"对话框中可设置上传文件的版权和隐私选项，对某些视频文件可设置为"仅对我关注的人公开"或"设置密码"，这样就可对访问私密视频文件进行权限保护，以免公开后受到不良影响。

典型例题

【例1】（2016年高考题）优酷PC客户端不支持转码的文件格式是（　　　）。

A．ese　　　　　　B．mp4　　　　　　C．Avi　　　　　　D．Rmvb

答案：A

解析：目前优酷客户端支持转码的主流格式有：avi、flv、mov、mp4、mpeg、rm、rmvb

巩固练习

一、单项选择题

1．以下不属于优酷PC客户端功能的是（　　　）。

A．视频播放　　　　　　　　　　　B．视频合并

C．视频下载　　　　　　　　　　　D．视频转码

2．关于优酷PC客户端，以下说法错误的是（　　　）。

A．优酷PC客户端可搜索优酷全站内容

B．最大支持10GB文件上传

C．支持高清视频文件下载，不支持离线观看

D．支持多种窗口播放模式

3．优酷PC客户端在线查找视频时，可使用（　　　）。

A．视频库　　　　　　　　　　　　B．优酷精选推荐

C．在线搜索框中搜索　　　　　　　D．以上全是

4．想使用优酷PC客户端播放视频，操作方式有（　　　）。

A．拖曳节目的视频海报至播放页面

B．拖曳本地视频文件到播放界面

C．单击"手机观看"，用优酷App扫二维码

D．以上都可以

5. 在优酷 PC 客户端下载视频，下列下载方法不正确的是（   ）。

    A．在"计划任务"对话框中设置，按计划任务下载

    B．进入节目详情页，单击"下载"按钮

    C．单击单个视频海报右下角的下载按钮进行下载

    D．直接将想下载的单集视频海报拖曳至下载页面即可

6. 在优酷 PC 客户端，不支持转码的主流格式是（   ）。

    A．.avi   B．.wmv   C．.mp4   D．.flv

7. 在优酷 PC 客户端进行视频上传，上传方法描述不正确的是（   ）。

    A．右击本地文件，选择"使用优酷客户端上传到优酷网"

    B．拖曳本地视频进入上传页面

    C．在线播放时，单击播放器侧标工具栏中的"上传"按钮

    D．进入上传页面，单击"新建上传"按钮

8. 在优酷 PC 客户端登录后，进入个人中心页面，不是所列内容的是（   ）。

    A．我的首页   B．我的收藏

    C．我的专辑   D．我的下载

9. 优酷 PC 客户端的播放设置复选框有（   ）。

    A．始终自动连播   B．始终跳过片头片尾

    C．播放器始终播放   D．以上全是

10. 在优酷 PC 客户端上传设置中，对访问私密视频文件进行权限保护，以免公开后受到不良影响的设置是（   ）。

    A．仅对我关注的人公开   B．原创

    C．转载   D．公开

二、案例分析题

1. 使用优酷 PC 客户端进行文件下载的方法有哪些？

2. 使用优酷 PC 客户端进行文件上传的方法有哪些？

安全防护工具

1．理解计算机病毒的概念、特性及分类；
2．掌握金山毒霸杀毒软件的使用方法和操作技巧；
3．掌握瑞星个人防火墙的使用方法和操作技巧；
4．会用金山毒霸杀毒软件、瑞星个人防火墙等工具软件解决实际问题。

第一讲　金山毒霸

知识要点

1．了解计算机病毒的概念和特点；
2．掌握计算机病毒的分类；
3．了解金山毒霸的功能特点；
4．掌握金山毒霸的基本操作；
5．会熟练应用金山毒霸进行各种方式的病毒查杀工作。

知识精讲

一、计算机病毒

1．计算机病毒的概念

计算机病毒实质上是指编制或在计算机程序中插入破坏计算机的功能或数据、影响计算机使用并能自我复制的一组计算机指令或程序代码。

2．计算机病毒的特点

计算机病毒的特点有可执行性、传染性、潜伏性、可触发性、针对性、隐蔽性。其中，传染性是计算机病毒最主要的特点。

3．计算机病毒分类

（1）引导区病毒

这类病毒隐藏在硬盘或软盘的引导区中，当计算机从感染了引导区病毒的硬盘启动，或从受感染的软盘中读取数据时，引导区病毒就开始发作。

（2）文件型病毒

寄生在文件中，常常通过对它们的编码加密或使用其他技术来隐藏自己。

（3）宏病毒

宏病毒是一种特殊的文件型病毒，是一种寄存于文档或模板的宏中的计算机病毒。

（4）脚本病毒

脚本病毒依赖于一种特殊的脚本语言（如 VBScript、JavaScript 等）起作用，同时需要主软件或应用环境能够正确识别和翻译这种脚本语言中嵌套的命令。

（5）网络蠕虫程序

网络蠕虫程序是一种通过间接方式复制的自身非感染型病毒，有些网络蠕虫拦截 E-mail 系统向世界各地发送自己的复制品，有的出现在高速下载站点中。

（6）特洛伊木马程序

特洛伊木马程序通常是指伪装成合法软件的非感染型病毒，不进行自我复制。最常见的木马是试图窃取用户名和密码的登录窗口，或者试图从众多的 Internet 服务器提供商（ISP）盗窃用户的注册信息和账号信息。

（7）流氓软件

流氓软件是介于病毒和正规软件之间的软件，通俗地讲是指在使用计算机上网时，不断跳出的窗口让鼠标无所适从，有时计算机浏览器被莫名修改增加了许多工作条，当用户打开网页时却变成不相干的奇怪画面，甚至是黄色广告。

（8）钓鱼网站

钓鱼网站是一种网络欺诈行为，指不法分子利用各种手段，假冒真实网站的 URL 地址以及页面内容，或者利用真实网站服务器程序上的漏洞在站点的某些页面插入危险的 HTML 代码，以此来骗取用户银行或信用卡账号、密码等私人资料。

（9）挂马网站

挂马网站是黑客通过各种手段，包括 SQL 注入、网站敏感文件扫描、服务器漏洞、网站程序 0day 等各种方法获得网站管理员账号，然后登录网站后台，通过数据库备份/恢复或者上传漏洞获得一个 Webshell，利用获得的 Webshell 修改网站页面的内容，向页面中加入恶意转向代码，也可以直接通过弱口令获得服务器或者网站 FTP，然后直接对网站页面进行修改。当用户访问被加入恶意代码的页面时，就会自动访问被转向的地址或者下载木马病毒。

二、金山毒霸简介

金山毒霸融合了启发式搜索、代码分析、虚拟机查毒等经业界证明成熟可靠的反病毒技术，使其在查杀病毒种类、查杀速度、未知病毒防治等多方面达到了世界先进水平，同时金山毒霸具有病毒防火墙实时监控、压缩文件查毒、查杀电子邮件病毒等多项先进的功能。

金山毒霸的主要功能特点有以下几点。

● 全平台：首创计算机、手机双平台杀毒，不仅可以查杀计算机病毒，还可以查杀手机中的病毒木马，保护手机，防止恶意扣费。

● 全引擎：引擎全新升级，KVM、火眼系统，病毒无所遁形，KVM 是金山蓝芯III引擎核心的云启发引擎，结合火眼行为分析，大幅提升流行病毒变种检出。查杀能力、响应速度遥遥领先于传统杀毒引擎。

● 铠甲防御 3.0 全方位网购保护：全新架构，新一代云主防 3.0，多维立体保护，智能侦测、拦截新型威胁。

● 全新手机管理：全新手机应用安全下载平台，确保应用纯净安全。手机应用精品聚集，精彩不容错过。

● 不到 10MB! 全新交互体验：难以置信的轻巧快速，让计算机不再卡机。

三、金山毒霸的使用

1. 主界面功能

主界面提供了"铠甲防御"四维 20 层保护开关，如图 6.1.1 所示，分别单击可设置保护功能的开/关。

主界面底部列出了常用的四种功能按钮，分别是"垃圾清理""软件管理""免费 WiFi"和"数据恢复"。

图 6.1.1　主界面

2. 电脑杀毒

电脑杀毒界面如图 6.1.2 所示。

图 6.1.2　"电脑杀毒"界面

单击"电脑杀毒"标签页，单击"一键云查杀"按钮，则开始查杀计算机病毒，在右侧可使用"云查杀引擎 3.0""蓝芯Ⅲ引擎""KSC 云启发引擎""系统修复""小 U 本地引擎"和"小红伞本地引擎"等，单击可实现开关。

也可单击底部的"指定位置查杀"进行自定义查杀病毒；如果计算机病毒非常顽固，可选择"强力查杀"方式，这样可进行深度扫描；也可根据需要分别选择"U 盘查杀"或"防黑查杀"。

3．铠甲防御

铠甲防御界面如图 6.1.3 所示。

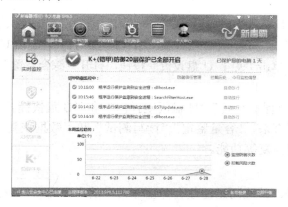

图 6.1.3　铠甲防御界面

铠甲防御有"实时监控""防御开关""XP 防护盾"和"防御体系"四个功能。单击"铠甲防御"标签页，在左侧单击"防御开关"，可以"开/关"20 层智能主动防御相关功能。

4．网购保镖

网购保镖界面 6.1.4 如图所示。

图 6.1.4　网购保镖界面

单击"网购保镖"标签页，单击右上角的"防护详情"按钮，打开对话框，开启四层网购保护，用户即可享有网购双重敢赔保障。

网购敢赔险是金山网络联合中国人民财产保险股份有限公司为网购用户提供的最后一道

安全保障。在金山用户网购误中钓鱼网站或者网购木马时，毒霸或猎豹浏览器若有不及时拦截或拦截异常情况，导致金山用户遭受经济损失的，金山网络网购敢赔险将无偿提供全年最高8000元的赔付额度保障。

5. 数据恢复

在主界面下面单击"数据恢复"按钮，在弹出的"金山数据恢复"对话框中可选择"误删除文件""误格式化硬盘""U盘/手机存储卡""误清空回收站""硬盘分区消失"和"万能恢复"等项目。根据提示，可挽回误操作带来的损失。

6. U盘卫士

针对使用U盘较多且容易传播病毒等情况，金山毒霸的百宝箱提供了"金山U盘卫士"，在程序界面单击"百宝箱"标签页，单击"U盘卫士"按钮，打开"金山U盘卫士"界面；可设置"U盘安全打开"模式，单击"更多U盘设置"按钮，打开"综合设置"对话框，设置安全打开模式。

开启"U盘5D实时保护系统""U盘闪电弹出"和"U盘快捷管理"选项。同时可根据需要在下面选择"全面查杀""容量鉴定""读写测试"和"数据恢复"选项，完成U盘查杀病毒、真假辨别和误删恢复等功能。

7. 操作技巧

（1）在浏览网页时，某些网站往往会弹出非常多的广告窗口，令人烦不胜烦，那么该如何解决呢？

启动金山毒霸，选择"百宝箱"标签页，单击"广告过滤"按钮，弹出"广告过滤规则"对话框，单击"启用规则"按钮，这样针对某些特定网站将实现广告拦截。

（2）为快速启用经常使用的某些功能，在右下角托盘图标上右击，在弹出的快捷菜单中，单击常用的功能按钮或进行个性化设置就可以了。

典型例题

【例1】（2016年高考题）金山毒霸的"铠甲防御"功能不包括（　　　）。

    A. 实时监控　　　　　　　　　　B. 防御开关

    C. XP防护盾　　　　　　　　　　D. 网购保镖

答案：D

解析：铠甲防御包括"实时监控"、"防御开关"、"XP防护盾"、"防御体系"四大功能。

巩固练习

一、单项选择题

1. 计算机病毒一般不感染的文件类型是（　　　）。

    A. 文本文件　　　　B. 可执行文件　　　　C. 驱动程序　　　　D. 系统文件

2. 计算机病毒最大的特点是（　　　）。

    A. 针对性　　　　B. 可触发性　　　　C. 可执行性　　　　D. 传染性

3. 金山毒霸不具有的功能是（　　　）。

　　A. 病毒防火墙实时监控　　　　　　B. 压缩文件查毒

　　C. 查杀电子邮件病毒　　　　　　　D. 全方位计算机体检

4. 有关金山毒霸的功能特点，描述不正确的是（　　　）。

　　A. 首创计算机、手机双平台杀毒

　　B. 全新手机应用安全下载平台

　　C. 铠甲防御 2.0 全方位网购保护

　　D. 轻巧快速，让计算机不再卡机

5. 熊猫烧香是一种通过自身复制进行传播的病毒，且传播速度惊人，它属于（　　　）。

　　A. 文件型病毒　　　　　　　　　　B. "特洛伊木马"程序

　　C. 网络蠕虫程序　　　　　　　　　D. 宏病毒

6. 金山毒霸的查杀方式有（　　　）。

　　A. 一键云查杀　　　B. 强力查杀　　　C. 防黑查杀　　　D. 以上全是

7. 金山毒霸查杀病毒时，说法不正确的是（　　　）。

　　A. 杀毒引擎图标通过单击可开启或关闭

　　B. 计算机病毒非常顽固，可选择"强力查杀"

　　C. 单击"终止扫描"按钮，可实现暂时停止查杀病毒

　　D. 可通过"查看日志"功能来查看查杀病毒记录

8. 金山毒霸所具有的防御功能是（　　　）。

　　A. 铠甲防御　　　B. 木马防御　　　C. 系统内核加固　　D. 浏览器保护

9. 网购敢赔险是金山网络联合（　　　）为网购用户提供的最后一道安全保障。

　　A. 当当网　　　　B. PICC　　　　C. 淘宝网　　　D. 京东

10. 金山数据恢复功能能恢复的项目有（　　　）。

　　A. 误删文件　　　B. 误格式化　　　C. 误清空回收站　　D. 以上都是

11. U 盘安全默认打开模式是（　　　）。

　　A. 大众模式　　　B. 打印店模式　　　C. 免打扰模式　　　D. 机房模式

12. 金山 U 盘卫士所提供的功能有（　　　）。

　　A. 容量鉴定　　　B. 读写测试　　　C. 数据恢复　　　D. 以上都是

二、简答题

1. 常见的计算机病毒有哪些？

2. 金山毒霸的主要功能特点有哪些？

三、案例分析题

1. 如何运用金山毒霸查杀 D 盘中的"试题"文件夹？

2. 在浏览网页时，某些网站往往会弹出非常多的广告窗口，不胜其烦，该如何解决？

第二讲　瑞星个人防火墙

知识要点

1. 了解瑞星个人防火墙的功能特点；
2. 掌握瑞星个人防火墙的基本操作。

知识精讲

一、瑞星个人防火墙简介

瑞星个人防火墙是为解决网络上黑客攻击问题而研制的个人信息安全产品，具有完备的规则设置，能有效监控任何网络连接，不仅可以在网络边界处对网络数据进行过滤，最大限度地抵御黑客的网络攻击威胁，还能有效拦截钓鱼网站，保护个人隐私信息。帮用户解决上网过程中遇到的网络问题，如智能反钓鱼、广告拦截、家长控制、网速控制、防蹭网等。

瑞星个人防火墙的主要功能特点有以下几点。

● 完美支持 64 位操作系统，全面兼容 Win8 系统，产品性能和兼容性再次提升。

● 智能反钓鱼引擎升级，恶意网址库大规模升级，全面提升了对钓鱼网站的拦截能力。

● 实时屏蔽视频、网页和软件广告，支持所有浏览器，减少骚扰，还计算机一个绿色环境。

● 流量统计、ADSL 优化、IP 自动切换、家长控制、网速保护、共享管理、防蹭网。

二、瑞星个人防火墙的使用

1. 主界面功能

① 标签页。位于主界面上部，包括"首页""网络安全""家长控制""防火墙规则""小工具"和"安全资讯"六个标签。

瑞星个人防火墙的主界面中心区列出了四个功能开关，分别是"拦截钓鱼欺诈网站""拦截木马网页""拦截网络入侵"和"拦截恶意下载"。

② 安全状态。显示当前计算机的安全等级。当计算机安全状态是"高危"或"风险"时，可以单击主程序"立即修复"按钮来修复高危状态设置。

③ 流量图：位于主界面下方，可观测到本计算机的实时流量变化。

④ 云安全状态：显示当前计算机的云安全的状态。

2．网络安全

针对互联网上大量出现的恶意病毒、挂马网站等，瑞星防火墙的"智能云安全"系统可自动收集、分析、处理，阻截木马攻击、黑客入侵及网络诈骗，为用户上网提供智能化的整体上网安全解决方案。

瑞星个人防火墙大规模升级了恶意网址库，增强了智能反钓鱼功能，能利用网址识别和网页行为分析的手段有效拦截恶意钓鱼网站。

瑞星个人防火墙拥有智能 ARP 防护功能，可以检测局域网内的 ARP 攻击及攻击源，针对出站、入站的 ARP 进行检测，并且能够检测可疑的 ARP 请求，分别对各种攻击标示严重等级，方便企业 IT 人员快速准确地解决网络安全隐患。

单击"网络安全"按钮，进入"网络安全"标签页，网络安全设置包括"安全上网防护"和"严防黑客"两部分内容，根据需要，单击每一行防护措施右侧的"已开启"或"已关闭"按钮，从而开启或关闭相关防护。

3．家长控制

家长控制功能可以防止孩子沉迷网络，使孩子远离网络侵害，不沉迷网络，防止不良页面对未成年人造成侵害。单击"家长控制"按钮，弹出"家长控制"标签页，首先开启此项功能，然后设置孩子上网的"生效时段"，勾选相应的"上网策略"复选框，如勾选"禁止玩网络游戏"复选框等，可为此项功能设置密码，防止孩子随意进入更改设置。

家长还可以自行制定网络访问策略，禁止运行某些联网程序，更好地控制网页浏览及下载行为。

4．防火墙规则

单击"防火墙规则"按钮，进入"联网程序规则"标签页，联网程序用于展示联网进程的状态，包括程序名称、状态、模块数、路径。双击程序的名称，弹出"应用程序访问规则设置"对话框，设置其联网控制为"放行"或"阻止"。联网程序规则可对应用程序的网络行为进行监控，还可以通过增加、删除、导入和导出应用程序规则、模块规则，或者是修改选项中的内容，对程序、模块访问网络的行为进行监控。

单击"IP 规则"标签页，可对 IP 包过滤规则进行设置与管理，单击"增加"按钮或选中某 IP 规则后单击"修改"按钮，弹出"编辑 IP 规则"对话框，输入通信的本地 IP 地址和远程 IP 地址，选择协议和端口号，并指定内容特征值或 TCP 标志，选择规则匹配成功后的报警方式，最后给本 IP 规则命名后单击"确定"按钮。

5．操作技巧

（1）广告过滤。单击"广告过滤"处的"立即运行"按钮，弹出"广告过滤规则设置"对话框；"广告过滤"功能主要包含了自定义规则和广告地址白名单两类设置。由于大部分网络广告都以弹出或嵌入形式出现，因此自定义规则中对弹出式广告与嵌入式广告进行细化分类，根据不同类型进行相应的设置，减少垃圾信息的骚扰，从而得到一个绿色的上网环境。

（2）在搜索和浏览网页时，某些不良网站往往感染病毒或修改主页，可将其列入黑名单。

单击首页右上角的"设置"按钮，进入设置窗口，窗口列出了 6 项基本设置，根据需要可进行相应设置，单击"防黑客设置"按钮，单击"黑名单"按钮，添加网址黑名单或导入网址黑名单，单击"确定"按钮生效。单击"IP 地址黑名单"选项卡，设置方法同上。

（3）为快速启用经常使用的某些功能，在右下角快捷图标上右击，在弹出的快捷菜单中单击常用的功能按钮即可快速实现此项功能，如断开网络/连接网络、在不拔掉网线的情况下实现断网和联网。

 **典型例题**

【例 1】瑞星个人防火墙提供的实用小工具中，（　　）能减少垃圾信息的骚扰，从而得到一个绿色的上网环境。

  A．广告过滤 B．流量统计 C．网络保护 D．防蹭网

答案：A

解析：本题考察瑞星个人防火墙中"小工具"的使用。

【例 2】瑞星个人防火墙中，右击右下角快捷图标，在弹出的快捷菜单中，可以实现快速断网功能的是（　　）。

  A．连接网络 B．设置网络环境 C．断开网络 D．查看日志

答案：C

解析：本题考察瑞星个人防火墙的小技巧。

巩固练习

一、单选题

1．瑞星个人防火墙在网络边界处对网络数据进行（　　）。

  A．拦截 B．过滤 C．保护 D．控制

2．瑞星个人防火墙中的功能特点描述错误的是（　　）。

  A．完美支持 64 位操作系统

  B．智能反钓鱼引擎升级，恶意网址库大规模升级

  C．实时屏蔽视频、网页和软件广告

  D．防止恶意扣费

3．在瑞星个人防火墙中，当计算机安全状态是"高危"或"风险"时，可以单击主程序中的（　　）按钮来修复高危状态设置。

  A．立即修复 B．组织 C．开启 D．关闭

4．下列不属于瑞星个人防火墙主界面中心区的功能开关的是（　　）。

  A．拦截钓鱼欺诈网站   B．拦截木马网页

  C．拦截网络入侵   D．拦截恶意上传

5．瑞星个人防火墙的（　　）系统，可对互联网上大量出现的恶意病毒、挂马网站等自动收集、分析、处理，阻截木马攻击、黑客入侵及网络诈骗。

  A．家长控制 B．小工具 C．智能云安全 D．IP 规则

6. 在瑞星个人防火墙中，要拦击"钓鱼网站"，需选择的标签页是（　　　）。

    A．网络安全　　　　B．家长控制　　　　C．防火墙规则　　　　D．小工具

7. 在瑞星个人防火墙中，要防止计算机被黑客控制，需选择的标签页是（　　　）。

    A．小工具　　　　B．家长控制　　　　C．防火墙规则　　　　D．网络安全

8. 在瑞星个人防火墙中，要想设置为"禁止玩网络游戏"，需选择的标签页是（　　　）。

    A．小工具　　　　B．家长控制　　　　C．防火墙规则　　　　D．网络安全

9. 在瑞星个人防火墙中，联网进程状态中包含的信息有（　　　）。

    A．程序名称　　　　B．状态　　　　C．模块数　　　　D．以上都是

10. 在瑞星个人防火墙中，下列选项不属于"编辑 IP 规则"的是（　　　）。

    A．远程 IP 地址　　　B．协议类型　　　　C．远程端口　　　　D．启用规则

二、简答题

瑞星个人防火墙的主要功能特点有哪些？

三、案例分析题

1. 在搜索和浏览网页时，某些不良网站往往感染病毒或修改主页，可将其列入黑名单，如何解决？

2. 如何设置瑞星个人防火墙，防止孩子沉迷网络游戏？

3. 瑞星个人防火墙中如何实现拦截广告，减少垃圾信息的骚扰？